高等学校新工科应用型人才培养"十三五"规划教材

C++语言面向对象程序设计

苏日娜　王瑞琴　编著

西安电子科技大学出版社

内 容 简 介

本书共 10 章，全面介绍了 C++ 语言的相关知识。第 1、2 章介绍了面向对象程序设计的基本知识，包括数据类型、运算符和表达式以及 C++ 程序设计的基本控制结构；第 3、4 章对函数、数组和字符串进行了介绍；第 5、6 章围绕面向对象程序设计的思想，深入阐述了类和对象以及数据的共享与保护；第 7、8 章分别介绍了继承与派生、多态与运算符重载；第 9 章对模板作了较详细的介绍；第 10 章对输入/输出流和异常处理作了较深入的阐述。在学习本书前，最好先学习 C 语言相关知识。

本书通过将 C 语言面向过程的程序设计方法与 C++ 语言面向对象的程序设计方法进行对比，让读者深刻体会用 C++ 语言进行面向对象程序设计的优势。通过学习 C++ 语言的知识，运用 C++ 语言的方法和技巧设计程序，能够解决综合性强和复杂度高的问题。书中也给出了相应的例题和相关程序，通过将理论和实践相结合，可使读者更好地掌握面向对象程序设计的原理和方法。

本书可作为高校计算机及相关专业的"C++ 程序设计"和"面向对象程序设计"课程的教材，也可作为读者自学 C++ 语言的参考书。

图书在版编目(CIP)数据

C++语言面向对象程序设计 / 苏日娜，王瑞琴编著. —西安：西安电子科技大学出版社，2019.7
ISBN 978-7-5606-5354-9

Ⅰ. ① C…　Ⅱ. ① 苏…　② 王…　Ⅲ. ① C++ 语言—程序设计　Ⅳ. ① TP312.8

中国版本图书馆 CIP 数据核字(2019)第 112106 号

策划编辑	李惠萍
责任编辑	郭　魁　李惠萍
出版发行	西安电子科技大学出版社(西安市太白南路 2 号)
电　话	(029)88242885　88201467　　邮　编　710071
网　址	www.xduph.com　　　　电子邮箱　xdupfxb001@163.com
经　销	新华书店
印刷单位	陕西日报社
版　次	2019 年 7 月第 1 版　　2019 年 7 月第 1 次印刷
开　本	787 毫米×1092 毫米　1/16　印　张　17.5
字　数	414 千字
印　数	1～2000 册
定　价	39.00 元

ISBN 978-7-5606-5354-9 / TP

XDUP 5656001-1

前　言

计算机专业开设的第一门高级语言程序设计课程，一般是 C 语言或 C++ 语言。作为第一门计算机编程语言，需要学好基础知识，为以后进一步学习和应用打下良好的基础。在实际教学过程中，学习过 C 语言的学习者，往往不太理解 C++ 语言与 C 语言的区别，因此在编程的思维方式和程序设计方法上，很难从 C 语言的面向过程方式向 C++ 语言的面向对象的方式转变。本书在详细介绍 C++ 语言基础知识的同时，把相关知识点与 C 语言进行比较。通过对比 C 语言与 C++ 语言，让学习者更好地掌握并巩固 C++ 语言的语法知识，同时引导有 C 语言基础的学习者学会编写 C++ 程序。本书在讲解过程中逐步渗透面向对象程序设计的思想，将需要解决的问题采用面向对象的方法进行描述和设计，把描述问题的数据和对数据的操作封装在一起形成类，而类是面向对象程序设计的重要基础，通过继承性、多态性等技术支持，使得开发程序的可重用性、开发效率大大提高。

本书以 C++ 语言作为一门独立的课程进行全面和系统的讲述。在内容编排上，按照循序渐进的原则，第 1 章到第 4 章从 C++ 语言的基本概念和基本语法知识讲起，将 C++ 语言与 C 语言进行对比，使读者易于学习 C++ 语法基础；第 5 章之后的章节则重点讲述了面向对象的程序设计思想和方法，整个内容按照从简单到复杂的思路进行设计。为了使理论结合实践，本书的每一章中都给出了大量的例题，这些例题有助于学习者更好地理解 C++ 语言的语法和面向对象的程序设计方法。同时，考虑到面向对象程序设计语言的特点，本书在重点章的最后一节均设计了综合性的程序，有助于学习者掌握如何利用 C++ 语言进行复杂问题的求解。

全书编写工作主要由苏日娜完成，夏麟老师负责设计、编写了第 6 章至第 10 章的人事信息管理程序，戴洪珠、王瑞琴、章春芽、胡正华编写了部分章节，陈溢聪、罗镇楠、李鹏辉等参与了部分章节的整理和代码的调试以及文字录入和校对等工作。

感谢读者选择使用本书。由于编者水平有限，书中不足之处在所难免，恳请读者批评指正，在此表示诚挚的感谢！联系 E-mail：nbsrn@126.com，来信标题请包含"C++ book"。

编　者

2019 年 5 月

于宁波工程学院

目　　录

第1章　面向对象程序设计概述

本章介绍计算机程序设计方法，包括结构化程序设计方法和面向对象程序设计方法。通过对这两种方法的对比了解面向对象程序设计方法的优势，理解为什么要使用面向对象方法来进行程序设计。同时介绍面向对象程序设计的基本概念、面向对象程序设计的基本特征、面向对象程序设计语言以及面向对象程序的开发环境。

1.1　计算机程序设计方法

计算机程序就是一组能够被计算机识别并执行指令的集合。正确有效地设计程序不仅需要计算机语言的支持，还需要程序设计的思想和方法来指导。常用的程序设计方法包括结构化程序设计方法和面向对象程序设计方法。

1.1.1　结构化程序设计方法

结构化程序设计(Structured Programming，SP)方法诞生于 20 世纪 60 年代，盛行于 20 世纪 70 至 80 年代，它建立在 Bohm、Jacopini 证明的结构定理基础上。该结构定理指出：任何程序逻辑都可以采用顺序、选择和循环三种基本结构表示。在结构化程序设计过程中注重的是程序结构的规范性，强调的是程序设计的自顶向下、逐步求精的演化过程。这样在问题的求解过程中，首先要对解决的任务进行整体规划，将一个复杂的任务按照功能分解成一个个易于控制和处理的子任务，然后对每个子任务再进行细化，依此进行，直到不需要再细分为止。具体实现程序时，每个子任务对应一个子模块。程序设计过程就是划分模块、向下分解、再把模块划分成子模块的过程。模块间尽量相对独立，通过模块间的调用关系或全局变量有机地联系起来。因此，应用结构化程序设计方法解决问题时，遵循的原则为：自顶向下、逐步细化、模块化设计、结构化编码。

结构化程序设计方法是以数据的流向为线索，围绕实现功能处理的过程来构造系统的，也可形象地称为面向过程的程序设计方法。采用结构化程序设计方法设计的程序包括过程定义和过程调用(过程即为完成某项操作所需执行的一段代码，通常可以采用函数实现)。在设计过程中数据和处理这些数据的算法(过程)是分离的。这样对不同数据做相同处理，或者对相同数据做不同的处理，都要使用不同的模块，从而降低了程序的可维护性和可复用性。同时，这种分离还可能存在数据被多个模块共同使用和修改的情况，数据的安全性和一致性难以保证。

随着计算机处理的信息量和信息类型迅速增加，有待程序解决的问题已从数值计算扩展到人类社会的方方面面，所处理的数据也从简单的数字和字符发展为具有多种格式的数据，如文本、图形、图像、影像、声音等，同时描述的问题也越来越复杂。显然，面向过程的程序设计方法已经远远不能满足大规模的软件开发要求。于是，人们开始寻求一种更加先进的程序设计方法，面向对象的程序设计方法因此应运而生。

1.1.2　面向对象程序设计方法

面向对象程序设计(Object-Oriented Programming，OOP)方法是吸收了软件工程领域中有益概念和有效方法而发展起来的一种软件开发方法，也常称为面向对象的编程。它更直观地描述客观世界存在的事物(即对象)及事物之间的相互关系。客观世界存在的事物可以看成是具有某些静态特征(采用数据描述)和动态特征(采用操作描述)的统一体。因此，面向对象程序设计是将数据及对数据的操作封装在一起，形成一个相互依存、不可分离的整体——类。程序设计一般由类的定义和类的使用两部分组成，以事件或消息驱动对象执行相应的处理来完成相关操作。类是对同类型对象共同特性的抽象。类中的数据大多数情况下只能被该类所封装的操作所使用，这样有助于数据的安全性和一致性。封装好的类将通过外部接口与外界进行联系。这样，程序模块之间的关系相对简单，程序的流程不再是流水线式的过程化按步执行，而是根据程序运行时各种事件的实际触发来执行。程序执行流程不遵循预定顺序，因而更符合软件设计和开发的实际情况。

同时，根据应用程序对类扩充的新的需求，在原有抽象好的已定义类的基础上，增加一些新的数据和操作即可产生一个新的类，不需要对原始类所封装的已有内容重写一遍，这样使得代码具有良好的重用性。而且，面向对象程序设计所具有的多态性使得相同操作处理不同类型数据时无需重复写功能相似的代码，从而大大提高了代码的开发效率。

1.1.3　面向对象与面向过程的比较

结构化程序设计方法解决了早期计算机程序难于阅读、理解、调试和难于设计、开发、维护等问题。对于小型和中等复杂程度的程序来说，结构化程序设计是一种较好的开发方法。基于 C 语言的面向过程程序设计在很长一段时间内成为了计算机程序开发的主流技术，其采用模块化设计以及采用顺序、选择、循环三种基本结构高效解决了许多程序设计问题。

软件开发过程中面向过程的程序设计方法以功能为基础，将数据和对数据的操作相分离，其优点是结构清晰、模块化强。但其代码的重用性差，不利于代码的维护与扩展，适用于小型算法与程序的设计开发。

结构化程序设计是由"数据结构＋算法"组成的。

下面采用面向过程的程序设计方法，使用 C 语言编写一个简单的比较两个整数并求其中大数的程序。

```c
#include "stdio.h"
int max(int x, int y)
{
    return (x>y) ? x : y;
}
void main()
```

```
{
        int a,b;
        scanf("%d,%d", &a, &b);
        printf("the max is %d\n", max(a, b));
}
```

　　说明：该程序由 max 和 main 两个功能模块组成。每个模块设计成一个独立的函数，程序是按照结构化方法设计的。程序以设计两个数的数据结构和求两个数中较大者的比较算法为出发点进行。在主函数中设置的数据结构为两个整型变量，自定义函数 max 用于完成两个数进行比较的算法设计。

　　面向对象程序设计的思想是在面向过程设计的基础上，遵循现实世界中的事物及事物之间的关系，转变为以类和对象的设计和使用为中心，将数据和对数据的操作封装在一起形成类，对类进行实例化形成对象，从而进行安全、高效、可重用性强的程序开发。面向对象的设计方法符合人类认识事物、解决问题的思维方式，更适用于大型软件的开发和维护。

　　下面采用面向对象的程序设计方法，使用 C++语言编写比较两个数并求其大数的程序。

```cpp
#include <iostream>
using namespace std;
class Compare
{
public:
        void SetData(float x, float y);
        float MaxData();
        void OutPutMax();
private:
        float a, b, max;
};
void Compare :: SetData(float x, float y)
{
        a = x;
        b = y;
}
float Compare :: MaxData ()
{
        max = (a>b) ? a : b;
        return max;
}
void Compare :: OutPutMax()
{
        cout << "the max is" << max << endl;
```

```
    }
    int main()
    {   Compare twodata;
        twodata.SetData(8.2, 9.9);
        twodata.MaxData ();
        twodata.OutPutMax();
        return 0;
    }
```

说明：程序是由类 Compare 的定义、实现和主函数 main 组成的。虽然该程序的代码量多于面向过程方法设计的程序，但是它的思想是将问题所涉及的数据和对数据的操作组合在一起形成类。主函数不再负责繁杂的数据结构定义，而是关注对类的使用。程序可以由若干个类组成，主函数根据问题需要对类进行调用，某个类中数据和操作的改动不会影响其他类和主函数。

由此可见，相对于面向过程程序设计，面向对象程序设计在设计思想和设计方法方面发生了质的转变。其根本性的变化在于：不再将软件系统看成是工作在数据上的一系列过程或函数的集合，而是看成一系列相互协作而又彼此独立的类和对象的集合。这种方法集抽象性、封装性、继承性和多态性于一体，更符合人们的思维方式，有助于保持问题空间和解空间在结构上的一致，同时保证所要处理的数据具有良好的安全性，程序具有良好的可重用性，开发效率高，更适合非数值问题处理和图形化程序设计。

1.2　面向对象程序设计

上一节介绍了计算机两大主流程序设计方法，通过实例对采用这两种方法设计的程序进行了比较，其中涉及许多面向对象的概念，本节将着重介绍这些基本概念，并讲述面向对象的基本特征和采用面向对象思想进行软件开发的方法。

1.2.1　面向对象的基本概念

面向对象程序设计是建立在对象、类、消息传递等概念基础上的，设计的应用程序常常具备封装性、继承性、多态性等特征。下面将对这些概念和特性作详细介绍。

1. 对象

从现实世界角度，对象是客观世界存在的一个事物或一个实体的描述，可以是有形的(比如一辆汽车、一名学生、一只猫)，也可以是无形的(比如一个工程、一次考试、一项计划)。从认识事物的角度，一般可以从静态的属性和动态的行为两方面来描述一个对象。例如，一名学生可以描述为"姓名：张三　性别：男　年龄：21　身高：170　体重：70"，这里姓名、性别、年龄、身高、体重都描述的是张三的静态特性(属性)，还可以描述该学生"上课、运动、看书"等动作，这些是张三的动态特性(行为)。因此，对象需要设定名字以区别于其他对象；需要通过属性来描述其某些静态特征；需要有一组操作定义其相关行为，这些行为或作用于自身，或作用于其他对象。

从面向对象程序设计角度，遵循这种对客观事物的描述方法，通过将描述属性的数据和对这些数据实施相关的操作封装在一起构成一个统一的对象概念。用数据来表示静态属性，用函数来表示动态行为。

2. 类

从现实世界角度，分类是将一类事物区别于另一类事物的方法。分类需要依靠对事物的抽象，找到事物的共同特性，从而抽象出一类事物的概念。例如，张三、李四、王五……忽略了非本质特征后，他们的基本特征都是一致的，于是把他们抽象为一个概念——"人"，即"人"类。

从面向对象程序设计角度，类也同样遵循这种抽象方法。将具有相同数据和相同操作的一组对象的集合称为类，这也是抽象数据类型的一种实现方式。类是对一类对象的抽象描述，而对象是某个类的具体实例化表示。类和对象的关系是抽象与具体的关系，就好比模具与铸件之间的关系。类就相当于模具，它定义的是一种类型，而对象则好比在该模具定义下产生的具体铸件，具有具体的实现形态。在程序设计中总是先定义类，再声明和使用属于这个类的对象。

3. 消息

从现实世界角度，事物不是孤立存在的实体，事物与事物之间存在着各种各样的联系。正是它们之间的相互作用、联系和连接，才构成了世界各种不同的系统。例如，教师在课堂上提出问题，让学生回答问题，学生收到问题信息后准备作答。在这个过程中，教师和学生两个对象之间的联系是通过问与答的消息传递建立起来的。

从面向对象程序设计角度，对象之间也需要建立联系进行交互，一个对象向另一个对象发出建立联系的消息。所谓消息，是面向对象发出的服务请求，其实也是调用该对象的一个方法的过程。它是面向对象系统中对象之间交互的途径。对象之间通过消息联系，彼此共同协作，才能形成一个有机的系统。

当一个消息发送给某一对象时，接收到消息的对象经过解读消息，然后予以执行，这种通信机制称为消息传递。消息机制为独立的对象提供了一个相互动态联系的途径，使它们的行为能互相配合，构成一个有机运行的系统。通常，一个消息由消息的发送者、消息的接收者、消息所要求的具体服务、消息所要求服务的一些参数以及消息的应答几部分组成。发送消息的对象不需要知道接收消息的对象如何对消息进行响应。通常采用调用功能函数来实现消息的传递和请求响应。

1.2.2 面向对象的基本特征

1. 封装性

从现实世界角度，所谓封装就是把某个事物包裹起来，使外界不知道其中的内容。从面向对象程序设计角度，封装是指将数据和对数据的操作集中起来放在对象内部，并尽可能隐蔽对象的内部细节。对象好比一个不透明的黑盒子，从外界是看不见内部的，更不能从外面直接访问或修改内部的数据及代码。在使用的时候，仅提供对外访问的接口而无需知道它的数据结构细节和实现操作的算法。在封装之前要做好设计数据和操作的工作，设计数据结构和功能操作，确定哪些数据需要进行隐藏，哪些是对外开放的。通过设置数据和操作的访问权限来控制对象内部对外界的可访问性和开放程度。

封装的好处是可以将对象的使用者与设计者分开，大大降低了使用者操作对象的复杂度。使用者不必知道对象具体的内部细节，只需要使用设计者提供的接口功能，就可以自如地操作对象。封装的结果实际上隐藏了复杂性，并使得代码具有重用性，从而降低了开发软件系统的难度。

2．继承性

从现实世界角度，很多事物具有一定的延续性和多层结构。例如，交通工具可分为汽车、火车、飞机、轮船等。其中汽车又可以分为客车和卡车。客车又可继续发展出小客车、中巴车、大客车。每一次划分所产生的新的类可以是在已有类的基础上添加一些新的特性而产生的。这个已有类我们称为基类或父类，新的类称为派生类或子类。

从面向对象程序设计角度，提供继承与派生机制，在基类的基础上仅增加或修改部分属性和操作就可以创建一个全新的类。同时，派生出的子类还可以继续派生它的子类，如此下去，可以形成树状派生关系，称为派生树或继承树。

继承性是面向对象程序设计的一个重要特征。继承体现了特殊类与一般类之间的上下分层关系，这种机制为程序员提供了一种组织、构造、重用类的手段。继承使一个类(基类或父类)的数据成员和成员函数能够被另一个类(派生类或子类)重用。在子类中只需增加一些基类中没有的数据成员和成员函数，或对基类中的某些数据成员或成员函数进行改造，这样就可以避免公共代码的重复开发，减少代码和数据的冗余。

从继承方式分类，继承可以分为单一继承和多重继承两种。单一继承是指子类只能从一个基类派生出来。比如，祖孙三代的财产继承关系，可以由爷爷传给父亲，再由父亲传给孩子。多重继承是指子类可以从多个基类派生出来。比如，一个人身上的基因信息就是来自于父亲和母亲两者的遗传。

继承性简化了人们对问题的认识和描述，同时还可以在开发新程序和扩充原程序时最大限度地利用已有程序，提高程序的可重用性，从而提高程序修改、扩充和设计的效率。

3．多态性

从现实世界角度，多态性体现在同一种行为在不同对象发出请求时会呈现不同的响应。例如，对于学生上课这种行为，不同的老师来授课所开展的教学活动是不同的。教程序设计老师上的内容与教英语的老师上的内容是截然不同的。所以在授课或说响应学生上课这个请求事件过程中，授课行为在不同教师的执行过程中呈现了多种形态。

从面向对象程序设计角度，多态性是指在基类中定义的属性或操作被派生类继承后，针对不同的数据类型会表现出不同的行为。也就是使得同样的操作对不同的对象有不同的表现方式。当一个对象接收到一个进行某项服务的请求消息时，将根据对象所属的类，动态地选用该类中定义的操作。不同的类对消息按不同的方式解释。例如，我们定义一个图形类，这个类具有绘图这样的操作。图形类又派生出了圆类、正方形类、长方形类。当这三种具体的图形在执行绘图操作时分别画出了各自的图形，它们执行了不同操作，也就是绘图操作对不同对象产生了不同形态。多态性包括静态多态性(编译时多态性)和动态多态性(运行时多态性)两种。

多态性的意义在于同一个接口实现了不同操作。因此，面向对象的多态特性使软件开发更科学、更方便，且更符合人类的思维习惯，能有效提高软件开发效率、缩短开发周期、提高软件可靠性，使所开发的软件更健壮。

1.2.3　面向对象的软件开发

面向对象的软件开发是把面向对象的思想应用于软件开发，指导开发活动的全过程，是面向对象程序设计方法在软件工程领域中的全面应用。开发的全过程遵循软件工程的流程，它主要包括面向对象的分析(OOA)、面向对象的设计(OOD)、面向对象的编程(OOP)、面向对象的测试(OOT)和面向对象的软件维护(OOSM)等主要内容。完备、正确地分析、理解、表达所需解决问题的内在实质为良好的设计奠定了基础，更是最终编程实现问题的解的重要保障。编写程序只是其中相对较小的一部分。

1. 分析

系统分析阶段应该简明扼要地抽象出系统必须做什么，而不涉及如何做及怎样实现。这一阶段是整个软件工程的初始阶段，要求能够准确地描述需求并抽象出问题的模型，建立类和对象，确定对象的属性、方法、关联关系和对象间的通信。分析者需要与用户一起共同沟通交流，通过多层次的迭代过程完成分析任务。用分析的结果代替原始的问题描述，并作为后期设计阶段的基础。

面向对象的分析(Object-Oriented Analysis，OOA)直接用问题域中客观存在的事物建立模型中的对象，对单个事物及事物之间的关系，都保留它们的原貌，不做转换，也不打破原有界限而重新组合，因此能够很好地映射客观事物。

在用 OOA 具体地分析一个事物时，大致遵循如下五个基本步骤：

第一步，确定对象和类。这里所说的对象是对数据及其处理方式的抽象，它反映了系统保存和处理现实世界中某些事物信息的能力。类是多个对象的共同属性和方法集合的描述，它包括如何在一个类中建立一个新对象的描述。

第二步，确定结构。结构是指问题域的复杂性和连接关系。类成员结构反映了泛化—特化关系，整体—部分结构反映整体与局部之间的关系。

第三步，确定主题。主题是指事物的总体概貌和总体分析模型。

第四步，确定属性。属性就是数据元素，可用来描述对象或分类结构的实例，可在图中给出，并在对象的存储中指定。

第五步，确定方法。方法是在收到消息后必须进行的一些处理方法，方法要在图中定义，并在对象的存储中指定。

2. 设计

面向对象的设计(Object-Oriented Design，OOD)是面向对象方法中一个中间过渡环节。其主要作用是对 OOA 分析的结果作进一步的规范化整理和模型扩充，以便能够被下阶段的 OOP 直接接受。这个过程是把分析阶段得到的需求转变成符合成本和质量要求的实现方案的过程，也可以说它是用面向对象的观点去解决问题域模型的过程。在这一阶段，需要对分析阶段建立的对象模型进行细化，加入必要的实现细节。设计阶段对分析的结果进行深入的加工，这个阶段更多地考虑与实现相关的因素。具体来说，设计阶段将针对以下四个方面进行：

(1) 问题域：在设计阶段将分析阶段得到的概念性的类与实际具体实现环境相结合，增加更多有利于实现的相关属性和操作。

(2) 人机交互：人机交互包括系统的输入和输出的设计。

(3) 数据管理：在分析阶段，不必关心信息是如何保存的，但到设计阶段，就需要考虑如何实现数据与问题域对象之间的接口等。

(4) 系统交互：系统除了和用户打交道外，还可能与其他外设或系统有关，设计时需要考虑这些事物的接口。

上面各个部分的设计过程都是类与类之间关系的标识和设计的过程，该过程和 OOA 分析中的各个步骤相同，也要经历类的发现、类结构的设计、类之间关系的设计等步骤，亦需要借助于一些手段如 use case、主题划分等来协助设计。

3．编程

面向对象的编程(OOP)工作就是用一种面向对象的编程语言把 OOD 模型中的每个部分书写出来，是面向对象的软件开发最终得以实现的重要阶段。在软件开发的全过程中，程序的分析和设计过程是重要基础，没有正确的需求分析和模块设计，编程阶段的工作也就没有意义。所以对于软件开发人员来说不能仅仅关注程序实现的技巧，更应在真正理解和掌握面向对象程序设计的基本方法和核心思想上下功夫，把程序设计好。编程阶段的主要工作是使用选定的程序设计语言，把模块的过程性描述翻译为用语言书写的源程序。源程序要求正确可靠、简明清晰、效率高。

(1) 源程序的正确性是对程序质量的最基本要求。

(2) 源程序简明清晰，才便于验证源代码和模块规格说明的一致性，容易进行测试和维护。

(3) 源程序的清晰与效率之间常存在矛盾，要求清晰性好的程序一般效率较低，而要求效率高的程序一般清晰性较差。对于大多数模块，编码时应该把简明清晰放在首位。

(4) 除了编程阶段产生源代码外，在测试阶段也需要编写一些测试程序，用于对软件的测试。

4．测试

面向对象测试(Object-Oriented Test，OOT)的任务是发现软件中的错误。在面向对象的软件测试中继续运用面向对象的概念与原则来组织测试，以对象的类作为基本测试单位，可以更准确地发现程序错误并提高测试效率。软件测试也是一门学科，良好有效的测试需要很多测试方法和工具才能实现。测试也是软件成为可交付使用的产品必不可少的重要环节。这个环节需要多次反复进行，确保软件产品将错误率降到最低。

5．维护

面向对象的软件维护(Object-Oriented Software Maintenance，OOSM)是软件开发过程中不可缺少的环节。将软件交付使用后，工作并没有完结，还要根据软件的运行情况和用户的需求，不断改进系统。现代软件的规模越来越大，在交付使用后也很难保证没有各种各样的隐含错误，这就需要开发人员或专业软件维护人员进行必要和合理的维护。

使用面向对象的方法开发的软件，其程序与问题域是一致的。因此，在维护阶段运用面向对象的方法，采用以类及对象为基本单位进行维护，这样可以大大提高软件维护的效率。

1.3　程序设计语言

计算机系统包括硬件系统和软件系统两大部分。用户的需求需要依靠软件来实现。没有软件，计算机仅是一台裸机，没有什么功能。在用计算机解决问题之前，必须先把求解的问题用计算机能够理解的语言表述出来，编写成可执行的程序。编写程序所使用的语言称为程序设计语言，它是外界和计算机沟通互动的桥梁。随着程序设计方法和技术的不断发展，直接导致了一大批风格各异的程序设计语言的诞生。程序设计语言的发展经历了机器语言、汇编语言、高级语言、面向对象程序设计语言等多个阶段。

1.3.1　机器语言

在计算机刚诞生之时，使用的是最原始的穿孔卡片，这种卡片上使用的语言是只有专家才能理解的语言，它只能用二进制数编制指令控制计算机运行。每一条指令都是由"0"、"1"这两个数字按照一定的规则排列而成的，与人类的语言差别极大，这种语言被称为机器语言。机器语言也是第一代计算机语言，使用二进制位来表示程序指令。例如，计算 3+5 的机器语言程序如下：

```
10110000    00000011    //将 3 送往累加器
00000100    00000101    //将 5 与累加器中的 3 相加，结果保留在累加器中
```

这种语言本质上是计算机唯一能识别并直接执行的语言，与汇编语言或高级语言相比，其执行效率高。但机器语言很难理解，程序可读性差，编写、修改、调试难度巨大，不容易掌握和使用。在这之后的语言是在机器语言的基础上发展而来的。虽然后来发展的语言能让人类直接理解，但最终送入计算机的还是这种机器语言。

1.3.2　汇编语言

计算机语言发展到第二代，出现了汇编语言。汇编语言是由一组与机器语言指令相对应的符号指令和简单语法组成的语言，它用助记符代替了操作码，用地址符号或标号代替地址码。汇编语言使用符号代替机器语言的二进制码，因此也称为符号语言。

例如，计算 3 + 5 的汇编语言程序如下：

```
MOV   AL, 03H    //将十六进制数 3 送往累加器
ADD   AL, 05H    //将十六进制数 5 与累加器中的 3 相加，结果保留在累加器中
```

汇编语言程序不能够被计算机直接运行，需要由翻译程序将它翻译成机器语言。汇编语言的功能很强，能发挥计算机各硬件的功能。但在使用汇编语言编写程序时，要求程序编写者熟悉计算机内部的结构和组织，特别是要熟悉计算机微处理器的结构和处理器指令及相关外围硬件设备等。比起机器语言，汇编语言更易读、易写，尽管还是复杂，用起来容易出错，但在计算机语言发展史上是机器语言向高级语言进化的桥梁。

1.3.3　高级语言

机器语言和汇编语言都称为低级语言，是面向机器的，而且学习起来困难，编程效率

低，可读性、可维护性差。而高级语言更接近自然语言和数学公式的编程，基本脱离了机器的硬件系统，使人们可用更易理解的方式编写程序。

高级语言与计算机的硬件结构及指令系统无关，它有更强的表达能力，可方便地表示数据的运算和程序的控制结构，能更好地描述各种算法，而且容易学习掌握。但高级语言编译生成的程序代码一般比用汇编程序语言设计的程序代码要长，执行的速度也慢。所以汇编语言适合编写一些对速度和代码长度要求高的程序和直接控制硬件的程序。高级语言程序"看不见"机器的硬件结构，不能用于编写直接访问机器硬件资源的系统软件或设备控制软件。为此，一些高级语言提供了与汇编语言之间的调用接口。用汇编语言编写的程序，可作为高级语言的一个外部过程或函数，利用堆栈来传递参数或参数的地址。

例如，计算 3+5 的 C++ 语言程序如下：

```
int sum;                          //定义整型变量 sum
sum = 3 + 5;                      //将 3 与 5 的和赋值给 sum
cout << "3+5=" << sum << endl;    //输出 3+5=8
```

本书将讨论 C++ 编程语言，并用它编写程序。C++ 也是一种高级语言。其他高级语言还有 C、C#、Java、Python、PHP、Pascal、FORTRAN 等等。高级语言更接近人类使用的语言，其设计宗旨是方便人们编写和阅读程序。

1.3.4　面向对象程序设计语言

20 世纪 80 年代，出现了面向对象的编程语言。面向对象的编程语言是为了能够更直接地描述客观世界中存在的事物以及它们之间的关系而设计的。面向对象语言是比面向过程语言更高级的一种高级语言。它更接近于自然语言和人类的表述方式，是人们对客观事物更高层次的抽象。

面向对象程序设计语言与以往各种编程语言的根本区别是程序设计思维方法的不同，面向对象程序设计可以更直接地描述客观世界存在的事物(即对象)及事物之间的相互作用关系。这使得程序能够比较直接地反映客观世界的真实情况，软件设计人员能够利用人类认识事物的规律及所采用的一般思维方法来进行软件设计。

面向对象程序设计语言经历了一个很长的发展阶段。例如，LISP 家族的面向对象语言、Simula 67 语言、Smalltalk 语言以及 Python、Java、C#、C++ 等语言，都不同程度地采用了面向对象的方法和基本概念。

C++ 语言是在应用最广泛、最深入的 C 语言基础上发展起来的，凭借 C++ 对 C 的兼容和 C++ 自身强大的功能，使得 C++ 语言成为广泛使用的面向对象程序设计语言之一。

1.4　C++ 语言面向对象程序开发

面向对象程序设计语言发展至今，一般都需要一个集成的开发环境(Integrated Development Environment，IDE)来支撑程序的设计与实现。整个程序的编写与实现需要经历源程序、目标程序、可执行程序三个阶段，经过 IDE 的编辑、编译、调试无误后才能正确执行，从而得到想要的结果。

1.4.1　C++程序开发的一般过程

1．C++程序的开发步骤

C++语言程序的开发平台有很多，不同的平台提供的集成开发环境虽然有不同，但是开发过程都需要经过编辑、编译、连接和运行四步。

(1) 编辑。程序员利用 C++开发平台自带或外置的编译器将 C++源程序录入到计算机中，撰写程序代码。录入完后以后缀名"．cpp"的扩展名保存为源文件或以"．h"的扩展名保存为头文件。

(2) 编译。使用开发平台提供的编译器，可以将源程序文件编译为汇编语言的中间文件，然后再将汇编语言程序翻译成机器指令，即目标文件，该目标文件的扩展名为"．obj"。

(3) 连接。连接是将生成的多个目标文件和系统提供的库文件(.lib)中的某些代码连接在一起，生成一个可执行文件，扩展名为"．exe"。这是由 C++开发平台中的连接程序(连接器)来完成的。

(4) 运行。C++程序经过前面三步没有错误后得到可执行文件。可执行文件经过平台的运行得到运行结果。运行结果不能保证一定正确，程序员需要检查和测试来判断是否有算法上的运行错误。如果判断出来运行结果不正确，需要重新使用调试器对可执行程序进行跟踪调试来检查错误发生的原因。

C++程序的开发流程图如图 1-1 所示。

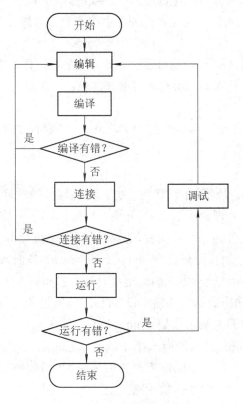

图 1-1　C++程序的开发流程图

2. 一个简单的 C++ 源程序的结构

C++ 程序可以由一个文件或多个文件组成。一个完整的 C++ 程序应该包括程序正文代码、编译预处理和注释部分。根据问题的复杂程度，可以建立工程文件来管理多个源程序文件。每一个源程序文件单独编译，通过连接成为一个完整的可执行程序。

一个 C++ 程序有且只能有一个主函数，即 main 函数。main 是主函数的函数名，不能改变，而且它是操作系统解释执行程序的唯一入口。下面举一个简单的 C++ 源程序的例子。

【例 1-1】 一个简单的 C++ 源程序，在屏幕上输出一行文字"hello world！"。

```cpp
#include <iostream>              //标准的 C++ 头文件
using namespace std;            //使用命名空间(也称名称空间)
int main()                      //主函数的函数头
{                               //函数体语句开始
    cout << "hello world!\n";   //输出"hello world!"并回车换行
    return 0;                   //向操作系统返回数值 0
}                               //主函数定义结束
```

程序运行结果会在屏幕上输出一行字符：

hello world!

这个程序由注释语句、预处理命令和主函数构成。

(1) 注释语句。编写具有较好可读性的 C++ 语言程序需要一定的注释。注释用以解释代码的含义，提高程序的可读性，注释掉的内容将不会参与编译。注释是写给程序员看的，方便合作编写时的交流。

C++ 的注释有两种类型：一种是行注释，另一种是块注释。其中，行注释采用符号"//"开头，从"//"开始到本行末尾的所有内容都是注释，不能跨行，形如：

//注释内容

块注释以"/*"开始，以"*/"结束，"/*"和"*/"之间的所有内容都是注释，可以跨越多行，形如：

/*注释内容*/

一般习惯是：内容较少的简单注释用"//"，内容较长的注释用"/*……*/"。

(2) 预处理命令。预处理命令用"#"开头。比如，程序中需要进行输出，所以需要包含文件 iostream。这个文件是系统库文件，包含了与程序输入和输出相关的功能代码，该文件在程序预编译阶段使用预处理命令 #include<iostream>被嵌入在程序的开始处，所以称之为头文件。cout 是 C++ 系统预定义的输出流对象，它和插入运算符"<<"结合使用可以将输出流对象中的内容输出到指定的输出设备(标准输出设备为显示器)。

(3) 主函数。主函数的函数名称是 main，由小写字母组成。一个 C++ 程序可以由一个或多个函数组成，但必须有且只能有一个主函数，它是整个程序执行的入口。main 前面的 int 的作用是将 main 函数的返回值类型声明为整型。函数体需要用一对大括号括起来，以"{"开始，以"}"结束。每个函数(包括主函数)都可以由若干个语句构成，每条语句都以";"结束。

1.4.2　Visual C++ 6.0 程序开发实例

C++程序需要在平台上进行编辑、编译和运行。目前开发 C++程序的平台有很多，例如 Microsoft Visual Studio C++、Borland C++ Builder、MinGW Developer Studio 等等。Visual C++作为 Visual Studio 开发工具箱中的一个软件包为开发 C++语言程序提供了很好的集成开发环境。该开发系统将程序编辑器、编译器、调试工具、连接工具等建立应用程序的工具集成在一起。程序员可以在该环境里编辑、编译、调试和运行一个应用程序。除了上面所述的工具外，还有各种向导(如 App Wizard 和 Class Wizard)以及 MFC(Microsoft Foundation Classes)类库。

下面是采用 VC++ 6.0 集成开发环境开发应用程序的过程。

(1) 编辑源程序。启动 VC++ 6.0，界面如图 1-2 所示。

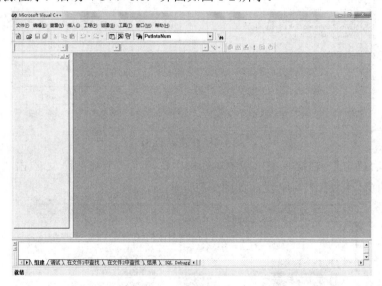

图 1-2　开发界面(1)

(2) 点击左上角菜单栏的"文件"→"新建"，打开图 1-3 所示的界面。

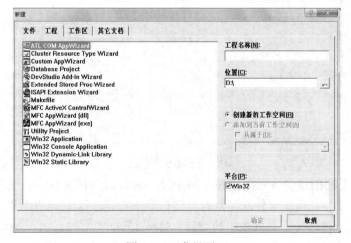

图 1-3　开发界面(2)

(3) 在左边的列表中选择"Win32 Console Application"。Win32 Console Application (Win32 控制台应用程序)，其运行窗口类似 Windows 中的 cmd 窗口。在右边输入工程名称，例如在这里输入 FirstProgram，位置选择一个存放该工程的文件夹，如果不放在默认的路径下，则点击右边的"..."按钮，然后自定义选择路径，如 E:\CPP，如图 1-4 所示。

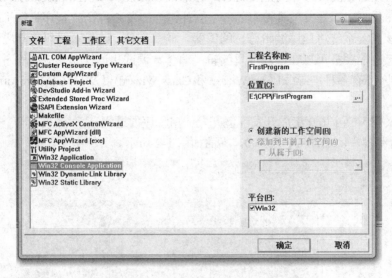

图 1-4　开发界面(3)

(4) 点击"确定"，在接下来出现的对话框中选择"一个空工程"，点击"完成"即可。在后续出现的窗口中点击"确定"，如图 1-5 所示。

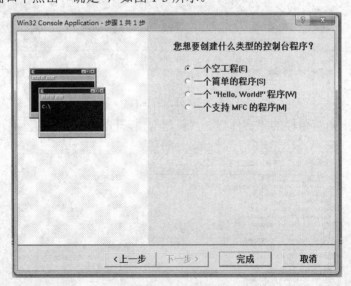

图 1-5　开发界面(4)

(5) 一个空工程创建完成，创建源代码文件。源代码文件将包含在这个工程中。然后开始创建源代码文件，点击软件左上角的"文件"→"新建"，在出现的对话框中选择上面标签中的"文件"，再选择下面列表中的"C++ Source File"，文件名输入 hello.cpp，点击"确定"，如图 1-6 所示。

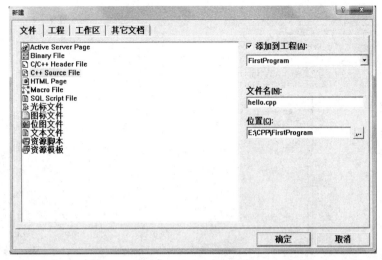

图 1-6 开发界面(5)

(6) 右边的编辑区会自动打开空白的 hello.cpp 文件，在左边的工作区也可以看到整个工程的组织结构，如图 1-7 所示。

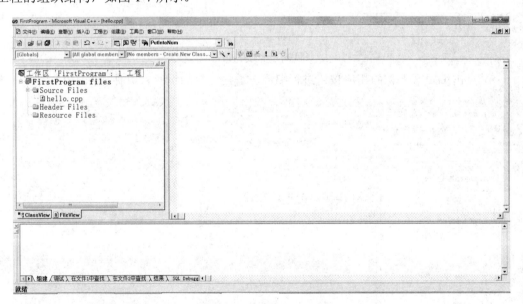

图 1-7 开发界面(6)

(7) 接下来编写一个简单的程序，在屏幕上显示"hello world!"，如图 1-8 所示。

```cpp
#include<iostream>
using namespace std;
int main()
{
    cout << "hello world!\n";
    return 0;
}
```

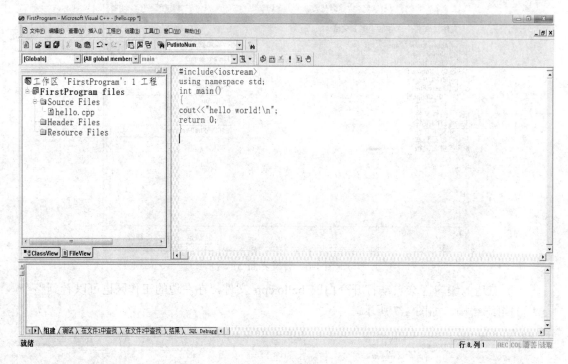

图 1-8　开发界面(7)

(8) 点击编辑区上方的相应按钮进行编译、链接，然后运行，具体如图 1-9 所示。

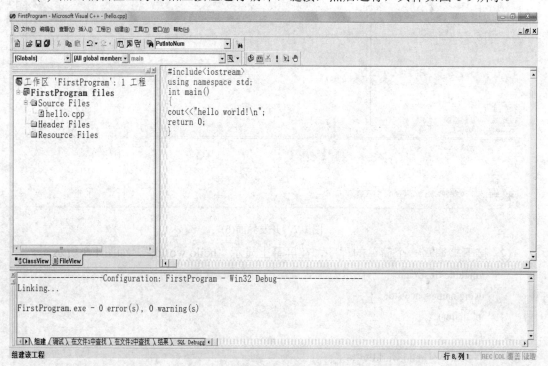

图 1-9　开发界面(8)

(9) 运行结果如图 1-10 所示，用 **VC++ 6.0** 编写的一个小程序就运行成功了。

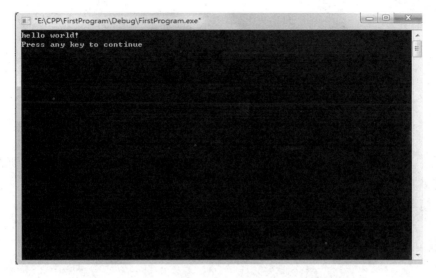

图 1-10　开发界面(9)

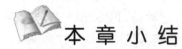

本 章 小 结

本章主要介绍了面向对象和面向过程两种不同的程序设计方法。面向过程程序设计以功能为主，过程比较清晰，这个过程更注重算法和数据结构，但代码维护和重用相对比较困难。面向对象将数据和对数据的操作进行集合式定义，加上定义时封装性、继承性和多态性，使代码不仅重用性变强，而且更加安全。

本章同时介绍了面向对象的几个重要概念和特性：类、对象、封装、多态、继承。类是对象的抽象，对象是类的实例。封装使得类的信息隐藏，继承使得类与类之间能进行代码的重用，多态性使得同一个函数名能进行不同的操作。这些特性提高了编程的效率。本章还简单介绍了在集成开发环境下 C++ 程序由编辑、编译、连接到运行的全过程。

习题

1. 机器语言程序和高级语言程序的区别是什么？
2. 什么是源程序？什么是目标程序？
3. 如果在一个 C++ 程序中用以下语句，会在屏幕上显示一些内容。具体会显示什么？

   cout << "I like to study C++";

4. 编译器能发现哪些类型的错误？
5. 如果在程序中语句结尾处遗漏了一个标点符号(比如一个分号)，就会产生一个错误，这是什么类型的错误？

第 2 章　C++ 语言基础

C++ 语言是在 C 语言基础上扩充产生的，它在保留了 C 语言大部分语法规则的基础上增加了许多新的特性。本章主要介绍 C++ 语言的基本语法知识，包括数据类型、运算符与表达式、简单的输入与输出、程序设计的三大基本控制结构等。

2.1　简单的输入与输出

C++ 语言通过"流"的方式执行输入和输出。输入流是提供给计算机数据并由程序使用的一系列输入，数据从设备(如键盘、磁盘驱动器、网络连接等)流向内存。输出流是程序生成的一系列输出，从内存流向设备(如显示屏、打印机、磁盘驱动器、网络连接等)。"流"这个词表明程序以相同的方式处理所有输入和输出，无论这些输入和输出是从什么地方来的。

2.1.1　输入

将数据从一个对象到另一个对象的流动可抽象为"流"。在 C++ 语言中，数据的输入/输出是通过 I/O 流来实现的。cin 和 cout 是系统预定义的流对象。cin 代表标准控制台输入，使用提取运算符 ">>" 从设备键盘取得数据，送到输入流对象 cin，然后送到内存交给程序使用。

一般采用的输入格式为：

```
cin >> 变量;              //从流对象 cin 读取数据到变量中
```

例如：

```
cin >> a;
```

在使用 cin 和 cout 时，必须包含头文件 iostream，否则编译会产生错误。

C++ 语言也支持多变量的输入方式，一般采用的格式为：

```
cin >> 变量 1 >> 变量 2 ......;
```

也可以分开输入：

```
cin >> 变量 1;
cin >> 变量 2;
......
```

例如：

```
cin>>a>>b>>c;
```

需要注意的是，cin 默认使用空白符(空格、回车或 Tab 键)来分隔两个输入数据。当输入一个字符串时，不能加空格，否则程序只会读入空格前的字符串造成读取数据错误。

2.1.2 输出

cout 代表标准控制台输出，使用流插入运算符"<<"从输出流中将数据输出到标准输出设备，通常是显示器。

标准输出一般采用的格式为：

cout << 表达式 1 << 表达式 2 << ......;

其中"<<"是系统预定义的。cout 支持连续输出，也可以输出表达式的值。

例如：

cout << a+b << c;

在 C++ 中，有两种换行方式：

第一种：cout << "\n";

这种跟 C 语言中的换行方式一样。

第二种：cout << endl;

这种是 C++ 语言中特有的，其中"endl"用于在行末添加一个换行符。

在一般情况下，cout 是采用默认格式输出的。也可以添加一些操作符来控制输出方式。例如：

int a = 10;

cout << hex << a;   //把 a 变量中的内容以十六进制输出

cout << oct << a;   //把 a 变量中的内容以八进制输出

还有其他很多种控制方式，这些将在后面章节讲到。

流对象 cin、cout 及运算符 >>、<< 的定义，均包括在文件 iostream 中，所以程序的开始要有 #include<iostream>命令。

2.2 数 据 类 型

计算机编程处理的对象是数据，设定数据类型对数据进行分类存储和组织是编写程序的重要部分。C++ 允许用户使用和设定的数据类型包括基本数据类型和用户自定义数据类型。学习 C++语言的基础知识先从基本的语法规则开始。

2.2.1 标识符和关键字

在程序设计语言中，需要基本字符构成一些词法，从而描述程序。C++ 语言所采用的字符集包括 26 个大小写英文字母、10 个阿拉伯数字以及一些特殊字符。这些字符与 ASCII 码对应便于表示和存储。由字符集中的字符组合成的词法主要包括标识符和关键字。

1. 标识符

标识符是在程序编写过程中用来命名一些实体的符号和名称，由若干个字符组成的字符序列。编程中设定的常量名、变量名、函数名、类名等都需要用标识符来表示。标识符是自定义的，遵循以下的命名规则：

(1) 由字母(a～z，A～Z)、数字(0～9)或下划线(_)组成。

(2) 第一个字符必须是字母或下划线。

(3) 严格区分大小写。

(4) 关键字不能作为标识符。

(5) 尽量做到"见名知义"，增加程序的易读性。

下面列出的是合法的标识符，也是合法的变量名：

sum，average，total，day，month，Student_name，BASIC，ChengCai

下面是不合法的标识符和变量名：

M.D.John，$123，#2233，3G64，C++，Zhang-ling，U.S.A.

2．关键字

在 C++语言中，关键字是系统预先定义的具有特定意义的标识符，也称为保留字。每个 C++关键字都有特殊作用，经过编译预处理后，关键字从预处理记号中区别出来，剩下的标识符作为记号用于声明对象、函数、类型、命名空间等。表 2-1 列出了常用的 C++关键字。

表 2-1　C++常用关键字

asm	do	if	return	typedef
auto	double	inline	short	typeid
bool	dynamic_cast	int	signed	typename
break	else	long	sizeof	union
case	enum	mutable	static	unsigned
catch	explicit	namespace	static_cast	using
char	export	new	struct	virtual
class	extern	operator	switch	void
const	false	private	template	volatile
const_cast	float	protected	this	wchar_t
continue	for	public	throw	while
default	friend	register	true	
delete	goto	reinterpret_cast	try	

具体每个关键字的用法可以参考本书后续章节。

2.2.2　数据类型

C++语言的数据类型分为基本数据类型和自定义数据类型。常用的数据类型如图 2-1 所示，小括号中标注了设定该类型数据时所需要用到的关键字。

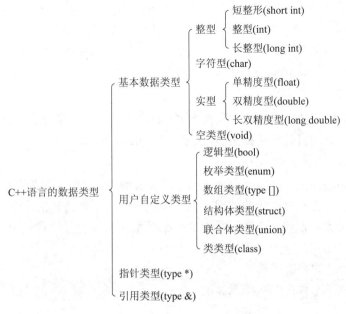

图 2-1　C++ 语言的数据类型

1. 基本数据类型

C++ 语言常用的基本数据类型主要有 int 型(整数型)、float 型(浮点型)、double 型(双精度浮点型)、char 型(字符型)和 bool 型(布尔类型)。每种数据类型在内存中所占的字节数和取值范围并没有明确规定。不同的编译器有不同的实现。一般情况下 int 占 2 个字节，float 占 4 个字节，char 占 1 个字节。其他 signed、unsigned 以及关键字 short 和 long 等是修饰基本类型的。每种数据类型都有一定的取值范围，如表 2-2 所示。

表 2-2　数据类型的取值范围

类　型	名　称	占用字节数	取 值 范 围
bool	布尔型	1	true, false
(signed) char	有符号字符型	1	$-128 \sim 127$
unsiged char	无符号字符型	1	$0 \sim 255$
(signed) short (int)	有符号短整型	2	$-32\ 768 \sim 32\ 767$
unsigned short (int)	无符号短整型	2	$0 \sim 65\ 535$
(signed) int	有符号整型	4	$-(2^{31}) \sim (2^{31}-1)$
unsigned (int)	无符号整型	4	$0 \sim (2^{32}-1)$
(signed) long (int)	有符号长整型	4	$-(2^{31}) \sim (2^{31}-1)$
unsigned long(int)	无符号长整型	4	$0 \sim (2^{32}-1)$
float	实型	4	$-34 \times 10^{-38} \sim 34 \times 10^{38}$
double	双精度型	8	$-1.7 \times 10^{-308} \sim 1.7 \times 10^{308}$
long double	长双精度型	8	$-1.7 \times 10^{-308} \sim 1.7 \times 10^{308}$

float 和 double 最主要的区别在于二者的取值精度和范围不同。float 可以保存 7 位有效数字，double 可以保存 15 位有效数字。

char 类型从本质上来说是整数类型，通常用 ASCII 码来存放。

bool 类型的取值只有 true(相当于 1)和 false(相当于 0)两种。

2．自定义类型

C++语言中不仅有预定义的基本数据类型，而且也允许用户自己设置自定义数据类型。这里将介绍 3 种常见的自定义数据类型：枚举类型 enum、typedef 声明和 struct 结构体类型。

1) 枚举类型

枚举类型(enumeration)是 C++ 中的一种派生数据类型，它是用户定义的若干枚举常量的集合。枚举类型可以看成是符号化的整型，为变量设置了一个取值范围，变量的值只能在这个范围内选取。例如，设置一个表示星期的数据类型，可以为其设置一个枚举类型，让它的取值范围为 1～7。

下面是枚举类型的声明形式：

enum 枚举类型名 {变量的取值列表}；

例如：

enum Weekday{sun, mon, tue, wed, thu, fri, sat};

枚举的使用说明：

系统为枚举元素自动设定默认值，像上述的 Weekday 中的元素的取值为：sun 为 0，mon 为 1……枚举类型的元素是符号化的常量。

在进行声明时用户也可以另行设定枚举元素的值。例如：

enum animal {dog=8, cat=5，cow=3，duck, monkey};

从 cow 开始后面元素的取值自动加 1，duck 为 4，monkey 为 5。

枚举类型数据可以进行关系运算。

【例 2-1】 设某次体育比赛有 4 种情况：胜(win)、输(lose)、平局(tie)、比赛取消(cancel)。编写程序输出这 4 种情况。

```cpp
#include <iostream>
using namespace std;
enum game_result {win, lose, tie, cancel};
int main()
{
    game_result result, omit = cancel;              //也可以在前面加 enum
    for (int count = win; count <= cancel; count++)
    {                                               //隐式类型转换
        result = game_result(count);                //显式类型转换
        if (result==omit)
            cout << "The game was canceled" << endl;
        else
        {
```

```
                    cout << "The game was played";
                    if (result == win)
                        cout << " and we won!";
                    if (result==lose)
                        cout << " and we lose!";
                    cout << endl;
                }
            }
            return 0;
        }
```

程序运行结果：

The game was played and we won!

The game was played and we lose!

The game was played

The game was canceled

2) 结构体

结构体是根据需要将一些不同的数据类型组合成一个集合体。结构体是一种构造类型，它是由若干成员组成的。每个成员可以是一个基本数据类型或者是一个构造类型。例如，一个人员的基本信息可能包括工号、姓名、性别、年龄、所属部门等，每种数据分属于不同类型，但它们之间是密切相关的，即每一名员工都包含这些信息。因此可以将这个数据的集合定义成一个新的数据类型。

下面是结构体的声明格式：

```
    struct  结构体名
    {
        数据类型 1  成员名 1；
        数据类型 2  成员名 2；
        …
    };
```

例如：

```
    struct student
    {
        int number;            //学号
        char name[20];         //姓名
        char sex;              //性别
        int age;               //年龄
    };
```

声明了结构体类型之后，如果对其进行使用，需要声明属于结构体类型的变量。下面是其声明形式：

```
    结构体名 结构体变量名；
```

例如上例可以声明变量如下：

　　struct student student1;　　//声明结构体变量 student1

或

　　student student1;

【例 2-2】 用结构体编写一个包含年月日的数据结构，并对其进行输入输出。

```cpp
#include <iostream>
using namespace std;
struct Date
{
    int year;
    int month;
    int day;
};
int main()
{
    struct Date date;
    cout << "请分别输入年，月，日：" << endl;
    cin >> date.year >> date.month >> date.day;
    cout << date.year <<"年"<< date.month <<"月"<< date.day <<"日";
    return 0;
}
```

程序运行结果：

```
请分别输入年，月，日：
2018 8 30
2018 年 8 月 30 日
```

3) typedef 应用

在编写程序时，除了可以使用系统预定义的基本数据类型和自定义的数据类型外，还可以根据需要把一个已有的数据类型改作其他名字。这样可以根据不同的应用场合，定义符合实际情况的类型名，使得类型名人性化和见名知意，从而提高程序的可读性。

下面是 typedef 的声明格式：

　　typedef 已有的类型名　新的类型名表;

其中，新的类型名表可以有多个标识符，它们之间以逗号分隔。可见在一个 typedef 语句中，可以为一个已有的数据类型声明多个别名。例如：

　　typedef double Area, Volume;

　　typedef int Natural;

这样在使用到 double 的时候可以用 Area 或 Volume 替换，使用到 int 的时候可以用 Natural 替换。这样的好处是可以根据实际问题的需要和变量的取值范围，使参数类型名和参数的实际意义一致。当变量表示面积时，可以用 Area 标识；当变量表示体积时，可以用

Volume 标识。下面的声明完全是合法的：

Area area;　　　　//创建了一个整型类型的 area，提高了程序的可读性

【例 2-3】 用 typedef 编写一个包含年月日的数据结构，并对其进行输入输出。

```
#include <iostream>
using namespace std;
typedef struct
{
    int year;
    int month;
    int day;
} Date;            //将结构体命名为 Date
int main()
{   Date date;
    cout << "请分别输入年，月，日： " << endl;
    cin >> date.year >> date.month >> date.day;
    cout << date.year <<"年"<< date.month <<"月"<< date.day <<"日";
    return 0;
}
```

程序运行结果：

请分别输入年，月，日：

2018 8 30

2018 年 8 月 30 日

在使用 typedef 时，应当注意 typedef 的目的是为已知数据类型增加一个新的名称。因此并没有引入新的数据类型。typedef 只适用于类型名称定义，不适用于变量的定义。

2.2.3　常量与变量

1. 常量

在程序运行过程中，值不会改变的量称为常量。常量可以是任何基本数据类型，可分为整型数字、浮点数字、字符、字符串和布尔值。常量的值在定义后不能进行修改。

例如，在计算圆的面积时会用到 π 的值，反复输入 3.141 59 会降低编程效率，因此 C++ 语言提供采用关键字 const 来声明一个常量。

下面是常量 const 的声明形式：

const　常量类型　常量名 = 表达式;

利用 const 定义的符号常量有自己的数据类型使得 C++ 的编译程序可以进行更严格的类型检查。

【例 2-4】 常量的应用。

```
#include <iostream>
using namespace std;
```

```
int main()
{       int x = 5;
        const int T1 = x + x;
        const int T2 = T1 - T1;
        cout << "T1 = " << T1 << "; T2 = " << T2 << endl;
        return 0;

}
```

程序运行结果：

T1 = 10; T2 = 0

1) 整型常量

一个整型常量可以用 3 种不同的方式表示：

(1) 十进制整数，如 1357、–432、0 等。在一个整型常量后面加一个字母 L(或 l)，则认为是 long int 型常量。例如 123L、421L、0L 等。在函数调用中，如果函数的形参为 long int，则要求实参也为 long int 型，此时用 123 作实参不可行，而要用 123L 作实参。

(2) 八进制整数。在常数的开头加一个数字 0，就表示这是以八进制数形式表示的常数。如 020 表示这是八进制数 20，即 $(20)_8$，它相当于十进制数 16。

(3) 十六进制整数。在常数的开头加一个数字 0 和一个英文字母 X(或 x)，就表示这是以十六进制数形式表示的常数。如 0X20 表示这是十六进制数 20，即 $(20)_{16}$，它相当于十进制数 32。

2) 浮点型常量

浮点型常量由整数部分、小数点、小数部分和指数部分组成。可以使用小数形式或者指数形式来表示浮点型常量。

(1) 十进制小数形式，如 21.456、–7.98 等。它一般由整数部分和小数部分组成，可以省略其中之一(如 78.、.06、.0)，但不能二者皆省略。C++编译系统把用这种形式表示的浮点数一律按双精度常量处理，在内存中占 8 个字节。如果在实数的数字之后加字母 F 或 f，则表示此数为单精度浮点数，如 1234F、–43f，占 4 个字节。如果加字母 L 或 l，则表示此数为长双精度数(long double)，在 GCC 中占 12 个字节，在 Visual C++ 6.0 中占 8 个字节。

(2) 指数形式(即浮点形式)。一个浮点数可以写成指数形式，如 3.14159 可以表示为 0.314159×10^1、3.14159×10^0、31.4159×10^{-1}、314.159×10^{-2} 等形式。在程序中应表示为 0.314159e1、3.14159e0、31.4159e–1、314.159e–2，用字母 e 表示其后的数是以 10 为底的幂，如 e12 表示 10^{12}。其一般形式为：

数符 数字部分 指数部分

上面各数据中的 0.314159、3.14159、31.4159、314.159 等就是其中的数字部分。由于指数部分的存在，使得同一个浮点数可以用不同的指数形式来表示，数字部分中小数点的位置是浮动的。例如：

a = 0.314159e1;

a = 3.14159e0;

a = 31.4159e-1;

a = 314.159e-2;

以上 4 个赋值语句中，用了不同形式的浮点数，但其作用是相同的。

在程序中不论把浮点数写成小数形式还是指数形式，在内存中都是以指数形式(即浮点形式)存储的。例如，不论在程序中写成 314.159 或 314.159e0、31.4159e1、3.14159e2、0.314159e3 等形式，在内存中都是以规范化的指数形式存放的，如图 2-2 所示。

+	.314159	3
数符	数字部分	指数部分

图 2-2　浮点数在内存中的存放形式

数字部分必须小于 1，小数点后面第一个数字必须是一个非 0 数字，例如不能是 0.0314159。因此 314.159 和 314.159e0、31.4159e1、3.14159e2、0.314159e3 在内存中表示为 0.314159×10^3。存储单元分为两部分：一部分用来存放数字部分，一部分用来存放指数部分。为便于理解，在图 2-2 中是用十进制表示的，实际上在存储单元中是用二进制数来表示小数部分，用 2 的幂次来表示指数部分的。对于以指数形式表示的数值常量，也都作为双精度常量处理。

3) 字符常量

(1) 普通的字符常量。

用单引号括起来的一个字符就是字符型常量。如 'a'、'#'、'%'、'D' 都是合法的字符常量，在内存中占一个字节。注意：字符常量只能包括一个字符，如 'AB' 是不合法的；字符常量区分大小写字母，如 'A' 和 'a' 是两个不同的字符常量；单引号(')是定界符，而不属于字符常量的一部分。如"cout << 'a';"输出的是一个字母 a，而不是 3 个字符 'a'.

(2) 转义字符常量。

除了以上形式的字符常量外，C++ 还允许用一种特殊形式的字符常量，就是以" \ "开头的字符序列。例如，'\n' 代表一个换行符。"cout << '\n';"将输出一个换行，其作用与"cout << endl;"相同。这种控制字符在屏幕上是不能显示的，在程序中也无法用一个一般形式的字符表示，只能采用这种特殊形式来表示。

(3) 字符数据在内存中的存储形式及其使用方法。

将一个字符常量存放到内存单元时，实际上并不是把该字符本身放到内存单元中，而是将该字符相应的 ASCII 代码放到存储单元中。如果字符变量 c1 的值为 'a'，c2 的值为 'b'，则在变量中存放的是 'a' 的 ASCII 码 97，'b' 的 ASCII 码 98，如图 2-3(a)所示；在内存中以二进制形式存放，如图 2-3(b)所示。

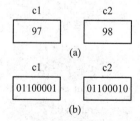

图 2-3　内存中字符常量的存放形式

既然字符数据是以 ASCII 码存储的，它的存储形式就与整数的存储形式类似。这样，在 C++ 中字符型数据和整型数据之间就可以通用。一个字符数据可以赋给一个整型变量，反之，一个整型数据也可以赋给一个字符变量。也可以对字符数据进行算术运算，此时相当于对它们的 ASCII 码值进行算术运算。

【例 2-5】　将字符赋给整型变量。

```
#include <iostream>
using namespace std;
```

```
int main()
{
    int i, j;                           //注意，这里的 i 和 j 是整型变量
    i = 'A';                            //将一个字符常量赋给整型变量 i
    j = 'B';                            //将一个字符常量赋给整型变量 j
    cout << i << ' ' << j << '\n';      //输出整型变量 i 和 j 的值，'\n'是换行符
    return 0;
}
```

程序运行结果：

65 66

i 和 j 被指定为整型变量。但在第 6 行和第 7 行中，将字符 'A' 和 'B' 分别赋给 i 和 j，它的作用相当于以下两个赋值语句：

i = 65; j = 66;

因为 'A' 和 'B' 的 ASCII 码值为 65 和 66，在程序的第 6 行和第 7 行是把 65 和 66 直接存放到 i 和 j 的内存单元中，所以输出 65 和 66。

在一定条件下，字符型数据和整型数据是可以通用的。但是应注意字符数据只占一个字节，它只能存放 0～255 的整数。

【例 2-6】 字符数据与整数进行算术运算。下面程序的作用是将小写字母转换为大写字母。

```
#include <iostream>
using namespace std;
int main( )
{
    char c1,c2;
    c1 = 'a';
    c2 = 'b';
    c1 = c1 - 32;                       //将 c1 的 ASCII 码减去 32，对应大写字母'A'
    c2 = c2 - 32;                       //将 c2 的 ASCII 码减去 32，对应大写字母'B'
    cout << c1 << ' ' << c2 << endl;
    return 0;
}
```

程序运行结果：

A B

'a' 的 ASCII 码为 97，而 'A' 的 ASCII 码为 65；'b' 的 ASCII 码为 98，而 'B' 的 ASCII 码为 66。从 ASCII 代码表中可以看到每一个小写字母比它相应的大写字母的 ASCII 代码大 32。C++字符数据与数值直接进行算术运算，'a'-32 得到整数 65，'b'-32 得到整数 66。将 65 和 66 分别存放在 c1、c2 中，由于 c1、c2 是字符变量，因此用 cout 输出 c1、c2 时，得到字符 'A'和 'B'。

4) 字符串常量

用双引号括起来的部分就是字符串常量，如 "abc"、"Hello!"、"a+b"、"Li ping" 都是字符串常量。字符串常量 "abc" 在内存中占 4 个字节(而不是 3 个字节)，如图 2-4 所示。

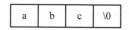

| a | b | c | \0 |

图 2-4　字符串常量内存表示

编译系统会在字符串最后自动加一个 '\0' 作为字符串结束标志。但 '\0' 并不是字符串的一部分，它只作为字符串的结束标志。例如：

```
cout << "abc" << endl;
```

输出 3 个字符 abc，而不包括'\0'。

注意："a" 和 'a' 代表不同的含义，"a" 是字符串常量，'a' 是字符常量。前者占两个字节，后者占 1 个字节。试分析下面的程序片段：

```
char c;          //定义一个字符变量
c = 'a';         //正确
c = "a";         //错误，c 只能容纳一个字符
```

2．变量

在程序运行期间其值可以改变的量称为变量。一个变量应该有一个名字，并在内存中占据一定的存储单元，在该存储单元中存放变量的值。注意区分变量名和变量值这两个不同的概念，如图 2-5 所示。

图 2-5　变量名和变量值

变量名是标识符的一种，变量的名字必须遵循标识符的命名规则。注意：一般地，变量名用小写字母表示，以增加可读性。变量名不能与 C++ 的关键字、系统函数名和类名相同。在软件开发工作中，习惯在变量前面加一个字母以表示该变量的类型，如 iCount 表示这是一个整型变量，cSex 表示这是一个字符型变量。

在 C++ 语言中，要求对所有用到的变量作强制定义，也就是必须先定义后使用。

下面是定义变量的一般形式：

　　变量类型　变量名表列;

变量名表列指的是一个或多个变量名的序列。如：

```
float a, b, c, d, e;
```

定义 a、b、c、d、e 为单精度型变量，注意各变量间以逗号分隔，最后是分号。可以在定义变量时指定它的初值。如：

```
float a = 83.5, b, c = 64.5, d = 81.2, e;    //对变量 a、c、d 指定了初值，但对 b 和 e 未指定初值
```

C 语言要求变量的定义放在所有执行语句之前，而 C++ 则放宽了限制，在第一次使用

该变量之前进行定义即可。也就是说，它可以出现在语句的中间，例如：

```
int a;          //定义变量 a(在使用 a 之前定义)
a = 3;          //执行语句，对 a 赋值
float b;        //定义变量 b(在使用 b 之前定义)
b = 4.67;       //执行语句，对 b 赋值
char c;         //定义变量 c(在使用 c 之前定义)
c = 'A';        //执行语句，对 c 赋值
```

3. 为变量赋初值

允许在定义变量时对它赋予一个初值，这称为变量初始化。初值可以是常量，也可以是一个有确定值的表达式。例如：

```
float a, b=5.78 * 3.5, c=2 * sin(2.0);
```

表示定义了 a，b，c 为单精度浮点型变量，对 b 初始化为 5.78*3，对 c 初始化为 2*sin(2.0)，在编译连接后，从标准函数库得到正弦函数 sin(2.0) 的值，因此变量 c 有确定的初值。变量 a 未初始化。如果对变量未赋初值，则该变量的初值是一个不可预测的值，即该存储单元中当时的内容是不知道的。例如，若未对 a 和 b 赋值，则执行输出语句：

```
cout<<a<<" "<<b<<" "<<c<<endl;
```

输出结果可能为

```
1.48544e-38 151.81858 (各次运行情况可能不同)
```

初始化不是在编译阶段完成的(只有第4章中介绍的静态存储变量和外部变量的初始化是在编译阶段完成的)，而是在程序运行执行本函数时赋予初值的，相当于执行一个赋值语句。例如：

```
int a = 3;
```

相当于以下两个语句：

```
int a;          //指定 a 为整型变量
a=3;            //赋值语句，将 3 赋给 a
```

对多个变量赋予同一初值，必须分别指定，不能写成

```
float a = b = c = 4.5;
```

而应写成

```
float a=4.5, b=4.5, c=4.5;
```

或

```
float a, b, c=4.5;
a = b = c;
```

2.3　运算符与表达式

本节将介绍 C++语言中的运算符种类，以及它们的优先级和结合性。由数据和运算符结合形成表达式，完成相应的运算。

2.3.1　运算符

运算符是一种表示对数据进行某种处理的符号。编译器通过识别这些符号，完成各种相应的运算操作。C++内置了丰富的运算符，例如算术运算符、关系运算符、逻辑运算符、位运算符、赋值运算符等。

1．算术运算符

算术运算符的表示及其意义如表 2-3 所示。示例中，假设变量 A 的值为 10，变量 B 的值为 20，则得到相应的运算结果。

表 2-3　算术运算符

运算符	描　　　述	示　　例
+	把两个操作数相加	A + B 将得到 30
-	从第一个操作数中减去第二个操作数	A - B 将得到 –10
*	把两个操作数相乘	A * B 将得到 200
/	第一个操作数除以第二个操作数	B / A 将得到 2
%	取模运算符，整除后的余数	B % A 将得到 0
++	自增运算符，整数值增加 1	A++将得到 11
--	自减运算符，整数值减少 1	A--将得到 9

这里需要声明的是模运算的操作数要求是整型。

2．关系运算符

关系运算符主要用来衡量操作数之间的关系。其运算结果只有真(true)和假(false)两种。

C++语言中 6 种主要的关系运算符如表 2-4 所示。示例中，假设变量 A 的值为 10，变量 B 的值为 20，则得到相应的运算结果。

表 2-4　关系运算符

运算符	描　　　述	示　　例
==	检查两个操作数的值是否相等，如果相等则条件为真	(A == B) 不为真
!=	检查两个操作数的值是否相等，如果不相等则条件为真	(A != B) 为真
>	检查左操作数的值是否大于右操作数，如果是则条件为真	(A > B) 不为真
<	检查左操作数的值是否小于右操作数，如果是则条件为真	(A < B) 为真
>=	检查左操作数的值是否大于或等于右操作数，如果是则条件为真	(A >= B) 不为真
<=	检查左操作数的值是否小于或等于右操作数，如果是则条件为真	(A <= B) 为真

表 2-4 中前 2 个关系运算符的优先级相同，后 4 个运算符的优先级相同，且后面的优先级要大于前面的。关系操作可以用于任何基本数据类型，也可以用于常量，如果比较的是两个字符的大小，则根据它们的 ASCII 码进行比较。同优先级的关系操作并列时，由左向右计算。关系运算符的优先级低于算术运算符。

3．逻辑运算符

逻辑运算符用于支持基本的逻辑运算。

3 种基本逻辑运算符如表 2-5 所示。示例中，假设变量 A 的值为 1，变量 B 的值为 0，则得到相应的运算结果。

表 2-5　逻辑运算符

运算符	描　述	实　例
&&	逻辑与运算符。如果两个操作数都非 0，则条件为真	(A && B) 为假
∥	逻辑或运算符。如果两个操作数中有任意一个非零，则条件为真	(A∥B) 为真
!	逻辑非运算符。用来逆转操作数的逻辑状态。如果条件为真则逻辑非运算符将使其为假	!B 为真；!(A && B) 为真

逻辑运算符的操作结果与关系运算符一样，只有真和假两个结果。

逻辑运算符和关系运算符的运算优先级都低于算术运算符。

4．赋值运算符

赋值运算符是"="，表示将符号右边的数据赋值给左边的变量。

赋值运算符的优先级低于关系运算符和逻辑运算符。

C++ 支持的赋值运算符如表 2-6 所示。

表 2-6　赋值运算符

运算符	描　述	示　例
=	简单的赋值运算符，把右操作数的值赋给左操作数	C = A + B 将 A + B 的值赋给 C
+=	加且赋值运算符，把右操作数加上左操作数的结果赋值给左操作数	C += A 相当于 C = C + A
-=	减且赋值运算符，把左操作数减去右操作数的结果赋值给左操作数	C -= A 相当于 C = C - A
*=	乘且赋值运算符，把右操作数乘以左操作数的结果赋值给左操作数	C *= A 相当于 C = C * A
/=	除且赋值运算符，把左操作数除以右操作数的结果赋值给左操作数	C /= A 相当于 C = C / A
%=	求模且赋值运算符，求两个操作数的模赋值给左操作数	C %= A 相当于 C = C % A
<<=	左移且赋值运算符	C <<= 2 等同于 C = C << 2
>>=	右移且赋值运算符	C >>= 2 等同于 C = C >> 2
&=	按位与且赋值运算符	C &= 2 等同于 C = C & 2
^=	按位异或且赋值运算符	C ^= 2 等同于 C = C ^ 2
∣=	按位或且赋值运算符	C ∣= 2 等同于 C = C ∣ 2

5．运算符的优先级

常用运算符的优先级和结合性如表 2-7 所示。

表 2-7　运算符的优先级和结合性

优先级	操作符		名　称	同级结合规律
1	( )		圆括号	从左到右
	[ ]		数组下标运算符	
	->		指向结构指针成员运算符	
	.		取结构成员	
2	!		逻辑非	从右到左
	~		按位取反	
	++		自增	
	--		自减	
	-		取负	
	*		取地址内容	
	&		取地址	
	sizeof		取字节数	
3	*		乘运算	从左到右
	/		除运算	
	%		模运算	
4	+		加运算	从左到右
	−		减运算	
5	<<		左移	从左到右
	>>		右移	
6	<		小于	从左到右
	<=		小于等于	
	>		大于	
	>=		大于等于	
7	==		等于	从左到右
	!=		不等于	
8	&		按位"与"	从左到右
9	^		按位"异或"	从左到右
10	|		按位"或"	从左到右
11	&&		逻辑与	从左到右
12	||		逻辑或	从左到右
13	?:		条件运算	从右到左
14	= -= /= >>= &= |=	+= *= %= <<= ^=	赋值运算	从右到左
15	,		逗号运算	从左到右

2.3.2　表达式

表达式是由操作符、常量、变量以及函数构成的运算式。根据表达式中出现的操作符的不同，表达式可分为赋值运算式、算术表达式、关系表达式、条件表达式、逗号表达式等。对一个含有各种不同操作符的表达式，需要注意它们运算的优先级和结合规则。不同类型数据进行运算时，会发生数据类型的转换。

当在一个表达式中有不同类型的数据时，要把这些不同的数据转化成同一类型的数据，然后进行计算。表达式中不同数据类型转换如图 2-6 所示。

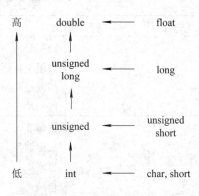

图 2-6　不同数据类型转换示意图

2.3.3　与 C 语言的区别

在表达式中，可以根据需要把一种数据类型换成另外的数据类型，称为数据类型的强制转换。

C 语言的强制类型转换格式为：

　　(数据类型) 表达式

这种转换在 C++ 中也是支持的，但是 C++ 提供了另一种强制类型转换的格式：

　　数据类型 (表达式)

另外，C++ 语言中还增加了 static_cast、const_cast、dynamic_cast 以及 reinterpret_cast 这四种强制类型转换，有兴趣的读者可以参考相关的资料。

C++ 还增加了 new 和 delete 运算符。

利用 new 运算符，在程序运行时，可以根据需要随时创建对象。delete 的作用是删除由 new 创建的对象。在利用 new 创建对象时，它会向操作系统的堆存储区域动态申请内存，在对象使用完毕后，利用 delete 运算符来释放掉所占用的内存。下面是这对运算符的一些用法：

(1)　int *p = new int(5);　　　　　　//在堆上创建一个匿名 int 变量，用指针 p 标识使用

　　　delete p;　　　　　　　　　　　//释放占用的存储空间

(2)　int *p = new int[10];　　　　　 //在堆上创建一个匿名的整型数组，利用指针 p 来访问

　　　delete []p;

(3)　const int size=2;

　　　int (*p)[3] =new int [size][3];　//在堆上创建一个匿名的二维数组，用 p 来访问

　　　delete []p;

2.4　程序基本控制结构

本节将介绍 C++ 语言程序设计中基本的程序控制结构，包括顺序结构、选择结构和循环结构，它们是构成程序的基础。

2.4.1　顺序结构

顺序结构的程序设计是编写程序的基础，只要按照解决问题的顺序写出相应的语句即可。它的执行顺序是自上而下，依次执行。可以通过下列程序体会顺序结构的程序设计。

【例 2-7】　计算 4 的立方。

```cpp
#include <iostream>
using namespace std;
int main()
{    int a = 4;
     int b =a * a * a;
     cout << b << endl;
     return 0;
}
```

程序运行结果：

```
64
```

程序从上至下，一步一步执行下来，在 main 函数的函数体内有 4 条语句，每条语句以分号为结尾，在运行过程中是逐条执行的。

2.4.2　选择结构

选择结构是在顺序结构的基础上建立的另一种程序设计结构，一般分为二路分支和多路分支两种结构。

二路分支结构主要以 if-else 语句实现。

if-else 语句的形式为：

```
if(表达式){
    语句 1;
}else{
}    语句 2;
```

执行的顺序为：如果 if 语句中的条件成立，就执行语句 1，不成立就执行语句 2。

【例 2-8】　输入一个整数，判断是否为奇数。

```cpp
#include <iostream>
using namespace std;
int main()
{    int number;
     cout << "输入一个整数：" << endl;
     cin >> number;
     if (number % 2 == 0)
          cout << "该数是偶数。" << endl;
     else
```

```
        cout << "该数是奇数。" << endl;
    return 0;
}
```

程序运行结果：

```
输入一个整数：
46
该数是偶数。
```

当然上述例子也可以用两个 if 语句来实现。

多路分支结构设计主要采用 if-else 语句的嵌套和 switch 语句来实现。

if-else 语句中 else 部分嵌套的结构形式如下：

```
if(表达式 1){
    语句 1;
}else if(表达式 2){
    语句 2;
}
...
else if(表达式 n-1){
    语句 n-1;
}
else{
    语句 n;
}
```

【例 2-9】 输入两个数，进行大小的比较。

```
#include <iostream>
using namespace std;
int main()
{   int yournumber;
    int hisnumber;
    cout << "输入你的数：" << endl;
    cin >> yournumber;
    cout << "输入他的数：" << endl;
    cin >> his number;
    if (yournumber == hisnumber)
        cout << "平局" << endl;
    else if(yournumber > hisnumber)
        cout << "你赢了" << endl;
    else
        cout << "你输了" << endl;
```

```
        return 0;
    }
```

程序运行结果：

```
输入你的数：
56
输入他的数：
46
你赢了
```

if-else 语句中 if 部分嵌套的结构形式为：

```
if(表达式)
    if (表达式) {语句;}
    else {语句;}
else
    if (表达式) {语句;}
    else {语句;}
```

在这种多重嵌套的语句中需要注意的是 if 和 else 的配对问题。一般从最内层开始，else 与它上面最近的没有配对的 if 配对。当然，在这种嵌套的语句中，if 和 else 的个数不一定相同。所以，用这种嵌套方式的语句时，为了方便和醒目应尽量采用花括号分隔语句体，各层嵌套的语句采用不同的缩进格式。

【例 2-10】 检查用户输入的数据是否是在 1～100 之间。

```
#include <iostream>
using namespace std;
int main()
{   int ch;
    cout << "请输入一个正整数：" << endl;
    cin >> ch;
    if (ch >= 1)
    {   if(ch <= 100)
            cout << "你输入的数在 1~100 之间";
        else
            cout << "你的数不在 1~100 之间";
    }
    else
        cout << "你的数不在 1~100 之间";
    return 0;
}
```

程序运行结果：

```
请输入一个正整数：
56
```

你输入的数在 1～100 之间

多路分支结构还可以用 switch 语句来实现。

switch 语句的一般形式为：

```
switch (表达式) {
    case 常量表达式 1: 语句 1; break;
    case 常量表达式 2: 语句 2; break;
    …
    case 常量表达式 n: 语句 n; break;
    default: 语句 n+1;
}
```

该语句的执行顺序为：先求解表达式，如果表达式的值与某个常量表达式的值相同，则执行后面的语句。break 语句表示跳出整个 switch 语句段。如果在 switch 语句中都不使用 break 语句，会使程序执行相应的语句以及该语句下面的所有语句，直到 switch 语句结束。

【例 2-11】 求解简单的四则运算表达式。

```cpp
#include <iostream>
using namespace std;
int main()
{     double value1, value2;
      char ch;
      cout << "输入一个表达式：" << endl;
      cin >> value1 >> ch >> value2;
      switch (ch)
      {     case '+':
                  cout << "=" << value1 + value2 << endl;
                  break;
            case '-':
                  cout << "=" << value1 - value2 << endl;
                  break;
            case '*':
                  cout << "=" << value1 * value2 << endl;
                  break;
            case '/':
                  cout << "=" << value1 / value2 << endl;
                  break;
            default:
                  cout << "不知道的操作" << endl;
                  break;
      }
      return 0;
```

```
        }
```
程序运行结果：

```
    输入一个表达式：
    3+4
    =7
```

2.4.3 循环结构

循环结构是在一定条件下重复执行某一组语句的一种程序结构。它在程序设计的应用中十分广泛。实现循环结构程序的手段是循环语句，C++ 中有 3 种循环语句，包括 for 循环、while 循环和 do_while 循环。下面将介绍这 3 种循环语句。

for 循环语句的一般格式为：

```
    for (表达式 1;  表达式 2;  表达式 3)
    {
        循环体语句;
    }
```

其中：

表达式 1：设置循环控制变量的初始值。

表达式 2：设置循环的条件，即什么时候跳出循环。

表达式 3：确定每循环一次循环控制变量的增值，增值可以为正，也可以为负。

上述语句的执行过程是，首先执行表达式 1，设置循环控制变量的初始值。设置初始值可以不在表达式 1 中进行，可以在 for 语句前设置好，所以表达式 1 可以为空。表达式 2 为测试循环条件，只要条件成立就会执行语句一次。接着按表达式 3 修改控制变量的值，然后再测试循环条件，如此循环下去，直到循环条件为假。如果循环条件一直为真，循环将一直进行下去，即成为死循环。所以，在设计循环语句时，要注意循环条件的设置，避免进入死循环。

【例 2-12】 设计一个程序，计算 n! = 1 × 2 × 3 × … × n 的值。

```
    #include <iostream>
    using namespace std;
    int main()
    {    int n, count = 1;
        cout << "请输入 n 的值：";
        cin >> n;
        for (int x = 1; x <= n; x++){
            count = count * x;
        }
        cout << "结果是" << count << endl;
        return 0;
    }
```

程序运行结果：

> 请输入 n 的值：4
>
> 结果是 24

while 循环语句的一般格式为：

> while (表达式) {
>
>   循环体语句;
>
> }

while 语句执行过程是，首先对循环条件进行判断，如果循环条件为真，则执行循环体语句，然后再对循环条件进行判断，直到循环条件为假，跳出循环为止；如果循环条件为假，就跳过循环体。相对于 for 循环，while 循环的设计方式更简单、清晰。

【例 2-13】 从键盘输入一批学生的成绩以 −1 作为输入结束，计算平均成绩，并统计不及格人数。

```cpp
#include <iostream>
using namespace std;
int main()
{   int count = 0, num = 0;
    double grade, total = 0;
    cout << "请输入成绩:";
    cin >> grade;
    while (grade >= 0)
    {   total = total + grade;
        num++;
        if (grade < 60)
            count++;
        cin >> grade;
    }
    if (num != 0)
    {   cout << "平均分是： " << total / num << endl;
        cout << "不及格人数是： " << count;
    }
    else
        cout<<"平均分是：0";
    return 0;
}
```

程序运行结果：

> 请输入成绩:89 90 91 −1
>
> 平均分是：90
>
> 不及格人数是：0

for 语句和 while 语句都是在循环之前先判断条件的，只有满足了条件才能进入循环体，如果条件不满足，则循环体一次也不执行。然而 do_while 语句与上述的循环语句稍有不同，它是先执行循环体，再进行循环条件判断。所以，无论循环条件是否成立，至少会执行一次循环体。

do_while 语句的一般形式为：

```
do {
    循环体语句;
    } while (表达式);
```

【例 2-14】　从键盘读入一个整数，统计该数的位数。

```cpp
#include <iostream>
using namespace std;
int main()
{    int count = 0, number;
    cout << "输入一个整数：";
    cin >> number;

    if (number < 0)
        number =- number;
    do {
        number = number / 10;
        count++;
    } while (number != 0);

    cout << "这个整数有" << count << "位数" << endl;

    return 0;
}
```

程序运行结果：

```
输入一个整数：123456
这个整数有 6 位数
```

除了使用单个循环结构，还可以在一个循环体内包含另一个完整的循环结构，构成多重循环结构。while、do_while 和 for 三种循环语句可以相互嵌套使用。

【例 2-15】　while、do_while 和 for 三种循环语句相互嵌套使用。

```cpp
#include <iostream>
using namespace std;
int main()
{    int i = 1, a = 0;
    for (; i<=5; i++){
        do {
            i++;
```

```
                a++;
            } while (i < 3);
            i++;
        }
        cout << a << "\n" << endl;
        return 0;
    }
```

程序运行结果：

```
3
```

本 章 小 结

本章介绍了 C++ 语言的基本语法知识，包括编写 C++ 程序需要用到的数据类型、运算符和表达式；同时，还介绍了程序设计的三大类基本控制结构，包括顺序结构、选择结构和循环结构。在进行程序设计时，需要对所操作的数据进行分类，按照类型声明相应的变量，根据问题解的算法要求运用运算符和表达式通过相应程序控制结构实现，最后将问题的解输出。

习题

1. 写一个输入语句，使用从键盘输入的值来赋值 int 类型的变量 theNumber。在输入语句前添加一个提示语句，提示用户输入一个整数。

2. 编写完整的 C++ 程序将两个整数读入两个 int 变量，输出第一个数除以第二个数的商和余数。可用操作符 / 和 % 来实现。

3. 编写一个含有 if-else 语句的程序，使其在变量 exam(考试成绩) 的值大于或等于 60，而且变量 programsDone 的值大于或等于 10 的条件下，输出"单词 Passed(通过)"；否则，if-else 语句输出"单词 Failed(没通过)"，变量 exam 和 programsDone 都是 int 类型。

4. while 语句和 do-while 语句有何主要区别？

5. 编写完整的 C++ 程序逐行输出 1～20 的整数。

6. 编写完整的 C++ 程序，要求用户输入加仑数(gallon)，程序输出等价的公升数(liter)。1 加仑等于 3.785 33 公升。

7. 编写程序，实现一个简单的登录界面。在程序中设置一个密码，程序运行时首先提示用户输入密码，然后判断其正确性。如果输入密码正确，屏幕显示"登录成功!"；如果输入密码不正确，则显示"密码错误，请再输入一次:"；如果再次输入不正确的密码，将会告知拒绝登录。

第3章 函　　数

C++语言与 C 语言一样提供了函数的定义和使用方法。函数是结构化程序设计中的基本模块单位，是处理问题的功能抽象。在面向对象程序设计过程中，函数同样具有重要的作用，它是描述类对象行为的重要形式。函数按照语法规则编写好之后，可以被反复使用，这有助于代码的重用，使程序开发的效率大大提高。

3.1　函　数　简　介

一个较复杂的系统往往需要划分为若干个子系统，然后对这些子系统进行开发和调试。在 C++语言中，子程序就是用来实现这种模块划分的。C++语言中的子程序体现为函数。函数可以被反复使用，使用时只需关心函数的功能和使用，而不必关心函数功能的具体实现方法。

3.1.1　函数的定义与使用

此前例题中出现的 main 即是一个函数，它是 C++程序的主函数。一个 C++程序可以由一个主函数和若干个子函数构成。主函数是程序执行的入口，主函数可以调用子函数，子函数也可以再调用其他子函数。

调用其他函数的函数称为主调函数，被其他函数调用的函数称为被调函数。一个函数可能既调用别的函数，又被别的函数调用。

下面是函数的定义形式：

```
函数返回值类型说明符 函数名(含类型说明的形式参数表)
{
    函数语句;
}
```

其中形式参数：

```
类型 1 变量 1, 类型 2 变量 2……
```

示例：

```
int max(int a, int b)
{
    if (a > b) return a;
    else return b;
}
```

形参的作用是实现主调函数与被调函数之间的联系。通常，将函数要处理的数据、影响函数功能的因素或者其他函数处理的结果作为形参。如果函数的形参表为空，则表示它没有参数。

函数可以有一个返回值或没有返回值，函数的返回值是返回给主调函数处理结果，类型说明符规定了函数返回值的类型。

return 语句的作用除了指定函数的返回值，另外一个作用是结束当前函数的执行。一个函数可以不将任何值返回给主调函数，这时它的返回值类型标识符为 void。此时函数中不写 return 语句，也可以写一个不带表达式的 return 语句，用于终止当前函数的执行。

在使用之前需要先进行声明。在定义一个函数之后，可以直接调用这个函数。如果在定义一个函数之前对其进行调用，则需要在调用函数之前添加函数原型声明。

下面是函数原型声明的形式：

类型说明符　函数名(含类型说明的形参表);

函数原型声明只是将函数的有关信息(包括：函数名，参数表，返回值类型)告诉编译器，不需要实现函数的功能代码。而定义一个函数则除了给出函数有关信息外，还需写出函数体中的代码。

如果是在所有函数之前声明了函数原型，那么该函数原型在本程序文件中的任何地方都有效。如果是在某个主调函数内部声明了函数原型，那么该函数原型只在这个主调函数的内部有效。函数定义好之后就需要进行调用。

下面是调用函数的形式：

函数名(实参列表);

实参列表中应给出与函数原型形参个数相同、类型相符的实参。函数调用可以作为一个独立的语句，这时函数可以没有返回值；函数调用也可以出现在表达式中，这时就必须有一个明确的返回值。

【例 3-1】 编写一个求 x 的 n 次方的程序。

```cpp
#include <iostream>
using namespace std;
double power(double x,int n)
{
    double val = 1.0;
    while (n--)
        val *= x;
    return val;
}
int main()
{
    cout << "5 的 2 次方是" << power(5,2) << endl;    //函数调用作为一个表达式出现在输出
                                                       //语句中

    return 0;
}
```

程序运行结果：

> 5 的 2 次方是 25

在本程序中，由于函数 power 的定义位于调用之前，所以无需添加函数原型声明。

【例3-2】　输入一个 8 位的二进制数，将其转换成十进制数进行输出。

```
#include <iostream>
using namespace std;
double power(double x, int n);        //声明函数原型

int main()
{
        int value = 0;
        cout << "请输入一个 8 位的二进制数：";
        for (int i = 7; i >= 0; i--)
        {
                char ch;
                cin >> ch;
                if (ch == '1')
                value += static_cast<int> (power(2,i));
        }
        cout << "它的十进制值为" << value << endl;
        return 0;
}

double power(double x, int n)
{
        double val = 1.0;
        while (n--)
                val *= x;
        return val;
}
```

程序运行结果：

> 请输入一个 8 位的二进制数：10111001
> 它的十进制值为 185

在本程序中，由于 power 函数的定义在它的调用之后，所以要事先声明 power 函数的原型。

3.1.2　函数的参数传递

在函数未被调用时，函数的形参不占实际内存，也没有实际的值。只有在函数被调用时，才为形参分配存储单元，并接收实参传递的值。实参和形参的类型必须相同。函数的参数传递就是形参接受实参传递的值的过程。参数传递的方式分为值传递、引用传递和指

针传递。

值传递指的是当发生函数调用时，给形参分配内存空间，并将实参的值传递给形参的过程。函数调用时发生的值传递是单向的，即只能由形参接收实参的值，而不能由形参将值返回给实参。因此在值传递的情况下，函数内对形参的任何修改都不会反应到实参上。

【例 3-3】　将两个整数交换次序后输出。

```
#include <iostream>
using namespace std;
void swap(int a, int b)
{
    int t = a;
    a = b;
    b = t;
}
int main()
{
    int x = 5, y = 10;
    cout << "在使用函数前：" << endl;
    cout << "x=" << x << "\ty=" << y << endl;
    swap(x,y);
    cout << "在使用函数后：" << endl;
    cout << "x=" << x << "\ty=" << y << endl;
    return 0;
}
```

程序运行结果：

```
在使用函数前：
x=5        y=10
在使用函数后：
x=5        y=10
```

从结果可以看出，虽然在函数内对参数的值进行了互换，但输出的值仍是原值。这是因为函数的参数传递方式为值传递，函数调用时传递的是实参的值，而非实参自身，而值传递是单向传递。

那么如何让子函数对形参做的更改影响实参呢？这就需要使用引用传递。

引用是一种特殊类型的变量，可以被认为是另一个变量的别名，通过引用名访问变量与通过被引用的变量名访问变量的效果是一样的。

例如：

```
int i, j;
int &r = i;          //建立一个 int 型的引用 r，并将其初始化为变量 i 的一个别名
j = 10;
r =j ;               //这里的 r=j 相当于 i=j
```

使用引用时应注意：

(1) 声明引用时，必须同时对其进行初始化，使它指向一个已经存在的变量。

(2) 引用在初始化后，就不能将其指向其他变量。

引用也可以作为形参，但情况稍有不同。这是因为，形参的初始化不在类型说明时进行，而是在执行函数调用时才分配内存，用实参初始化形参。这样引用类型的形参就通过形实结合，成为了实参的一个别名，对形参的任何操作都会直接作用于实参。

【例 3-4】 改写例 3-3 程序中的 swap 函数，使它能够正确交换两个数。

```
#include <iostream>
using namespace std;
void swap(int &a, int &b)
{
    int t = a;
    a = b;
    b = t;
}
int main()
{
    int x = 5, y = 10;
    cout << "在使用函数前：" << endl;
    cout << "x=" << x << "\ty=" << y << endl;
    swap(x,y);
    cout << "在使用函数后：" << endl;
    cout << "x=" << x << "\ty=" << y << endl;
    return 0;
}
```

程序运行结果：

```
在使用函数前：
x=5          y=10
在使用函数后：
x=10         y=5
```

通过将参数传递方式由值传递改为引用传递，成功地实现了值的交换。引用传递与值传递的区别只是函数的形参写法不同，主调函数的调用表达式是完全一样的。

3.2 内 联 函 数

使用函数有利于代码的重复利用，有利于提高开发效率，增强程序的可靠性。但是，频繁地调用函数会降低程序的执行效率，增加内存空间的消耗和程序运行时间。因此，对于一些功能简单、规模较小，但使用又比较频繁的函数可以设计成内联函数。内联函数不在调用时发生控制转移，而是在编译时将函数体嵌入到每一个调用处。这样就节省了参数传递、控制转移等开销。

内联函数的定义与普通函数基本一样，只需要使用关键字 inline，其语法形式如下：

```
inline 类型说明符 函数名(含类型说明的形参表)
{
    函数体的语句;
}
```

通常内联函数是比较简单的函数，结构简单，语句少。如果将一个复杂的函数定义为内联函数，反而会造成代码膨胀，开销增大。这种情况下，多数编译器会自动将其转换为普通函数来处理。到底什么样的函数会被认为太复杂？不同的编译器处理的方式各不相同。此外，有些函数无法以内联函数的形式处理。例如，存在对自身直接递归调用的函数。

【例 3-5】 编写一个程序用来计算圆的面积。

```cpp
#include <iostream>
using namespace std;
const double PI=3.14;

inline double calArea(double radius)
{
    return PI * radius * radius;
}

int main()
{
    double r;
    cout << "请输入圆半径：" << endl;
    cin >> r;
    double area = calArea(r);
    cout << "圆面积是：" << endl << area << endl;
    return 0;
}
```

程序运行结果

```
请输入圆半径：
5
圆面积是：
78.5
```

3.3 带默认形参值的函数

函数在定义时可以预先声明默认的形参值。调用该函数时如果给出实参，则使用实参进行初始化；如果没有给出实参，则采用预先声明的默认形参值。注意在函数声明时，应先声明无默认值的形参，再声明有默认值的形参，否则编译器将无法判断形参与实参的对应关系。

在相同的作用域内，不允许在同一个函数中对同一个参数的默认值重复定义，即使前后定义的值是相同的。

【例 3-6】　编写一个程序计算长方体的体积。

自定义函数 getVolume 是计算体积的函数，有 3 个参数：length(长)，width(宽)，height(高)。其中 width 和 height 带有默认值。主函数中以不同的形式调用 getVolume 函数。

```
#include<iostream>
#include<iomanip>
using namespace std;
int getVolume(int length, int width = 2, int height = 3);
int main()
{
        const int X = 10,Y = 12,Z = 15;
        cout << "Some box data is ";
        cout << getVolume(X,Y,Z) << endl;
        cout << "Some box data is ";
        cout << getVolume(X,Y) << endl;
        cout << "Some box data is ";
        cout << getVolume(X) << endl;
        return 0;
}

int getVolume(int length, int width, int height)
{
        cout <<setw(5)<< length <<setw(5)<< width <<setw(5)<< height << '\t';
        return length * width * height;
}
```

程序运行结果：

Some box data is 10	12	15	1800
Some box data is 10	12	3	360
Some box data is 10	2	3	60

由于函数 getVolume 的第一个参数没有给出默认值，所以在每次调用函数时都必须给出一个实参来进行传值。而其余的两个参数，因为有默认值，所以提供与不提供实参都是可行的，如果不提供实参，编译器则会将默认值赋予形参。需要注意的是，如果传入的参数是两个，函数会按照先后顺序对形参进行赋值。

在为函数参数设置缺省值时，需要遵循以下规则：

(1) 函数参数的缺省值必须按从右向左的顺序进行定义。

(2) 在相同的作用域内，函数参数的缺省值不能重复设置。

(3) 函数参数缺省值的设置必须放在函数的调用语句之前。

3.4 函 数 重 载

当一个程序有两个及两个以上相同函数名的函数，但形参的个数或者类型不同时，这就是函数的重载。编译器会根据实参和形参的类型及个数的最佳匹配，自动调用相应的函数。

如果没有重载机制，在对不同类型的数据进行相同操作的函数定义时，函数的命名将会非常复杂。

注意：重载函数的形参必须不同，即个数不同或者类型不同。如果仅有函数的返回值不同，不能进行函数重载，在编译时会出现语法错误。

例如：

(1) int add(int x, int y);

    float add(float x,float y);

    //形参类型不同，在调用时将会进行

(2) int add(int x);

    int add(int x, int y);

    //形参个数不同，在调用时将会进行

(3) int add(int x, int y);

    int add(int a, int b);

    //错误！编译器不以形参名不同来区分函数

(4) int add(int x, int y);

    void add(int a,int b);

    //错误！编译器不以返回值类型不同来区分函数

另外，不要将不同功能的函数定义为重载函数，以免出现对调用结果的误解。例如：

```
int add(int x,int y)
{
    return x+y;
}
float add(float x,float y)
{
    return x-y;
}
```

【例 3-7】 编写名为 sumOfSquare 的重载函数，分别求两个整数的平方和以及两个实数的平方和。

```
#include <iostream>
using namespace std;

int sumOfSquare(int a, int b)
```

```
    {
        return a * a + b * b;
    }
    double sumOfSquare(double a, double b)
    {
        return a * a + b * b;
    }
    int main()
    {
        int n,m;
        cout << "输入两个整数: ";
        cin >> n >> m;
        cout << "它们的平方和是: " << sumOfSquare(m,n) << endl;
        double x,y;
        cout << "输入两个浮点数: ";
        cin >> x >> y;
        cout << "它们的平方和是: " << sumOfSquare(x,y) << endl;
        return 0;
    }
```

程序运行结果:

```
    输入两个整数: 3 4
    它们的平方和是: 25
    输入两个浮点数: 3.5 4.5
    它们的平方和是: 32.5
```

3.5　C++系统函数

在 C++ 中，用户除了可以根据需要自定义函数以外，还可以调用 C++ 系统库提供的库函数。例如，求平方根函数(sqrt)、求绝对值函数(abs)等。但在使用系统库函数之前，需要将该函数所在的头文件用 include 指令包含到源程序中。例如，要使用数学函数，需要在程序的开始部分写上"#include <cmath>"将所在的头文件嵌入进来。

【例 3-8】　输入一个角度值，运用系统函数求出该角度的正弦值、余弦值、正切值。

```
    #include <iostream>
    #include <cmath>
    using namespace std;
    const double PI = 3.14;

    int main()
    {
```

```
        double angle;
        cout << "请输入一个角度：";
        cin >> angle;
        double radian = angle * PI / 180;
        cout << "sin(" << angle << ") = " << sin(radian) << endl;
        cout << "cos(" << angle << ") = " << cos(radian) << endl;
        cout << "tan(" << angle << ") = " << tan(radian) << endl;
        return 0;
    }
```

程序运行结果：

```
    请输入一个角度：90
    sin(90) = 1
    cos(90) = 0.000796327
    tan(90) = 1255.77
```

注意： 因为这里的圆周率 π 是近似值，导致 cos(90)的计算结果是一个接近于 0 的小数，而不是 0。

充分利用系统函数，可以大大减少编程的工作量，提高程序的运行效率和可靠性。使用系统函数应该注意下面两点：

(1) 编译环境提供的系统函数分为两类：一类是标准的 C++ 函数，例如，cmath 中所声明的 sin、cos、tan 等函数都是标准 C++ 的函数；另一类是非标准的 C++ 函数，它是当前操作系统或编译环境中所特有的系统函数。

(2) 编程时应优先使用标准的 C++ 函数，因为标准的 C++ 函数是各类编译环境所普遍支持的，使用标准 C++ 函数的程序具有很好的可移植性。有时也会用到一些非标准的 C++ 系统函数。例如，在处理和操作系统相关的事物时，常常需要调用当前操作系统特有的一些函数。不同的编译系统提供的函数有所不同。即使是同一系列的编译系统，版本不同系统函数也会有所差别。因此，编程者必须查阅编译系统的库函数参考手册或联机帮助，才能查清楚函数的功能、参数、返回值和使用方法。

3.6　C++ 语言与 C 语言的区别

作为面向对象的语言，函数是构成程序最基本的单元。与 C 语言相比，C++ 语言在函数方面有不少的改进和扩展，对函数有一些新的要求并提供了更为简单、灵活的方法。下面将介绍 C++ 语言在函数上的改进。

1．局部变量随用随定义

在 C 语言中，局部变量的定义只能出现在形参表中或是程序块的开始位置。

而 C++ 语言提供了更加灵活的定义局部变量的方式，在满足先定义后使用的原则下，局部变量可以随用随定义，局部变量的定义和声明可以在程序块的任何位置出现，这时变量的作用域为从定义位置到该变量所在的最小程序块末。

如果出现同名的局部变量，按最近范围变量优先的原则处理。

通常情况下，在 C 语言中，如果两个变量同名，一个是全局变量，一个是局部变量，在局部变量的作用域内该同名全局变量不可见。而在 C++ 语言中，通过在同名变量前加上域解析符 "::" 就可以对被隐藏的同名局部变量进行访问。这样，通过域解析符解决了同名局部变量与全局变量的重名问题。

【例 3-9】 数组元素求和，关注其中 3 个 sum 变量的不同作用域。

```cpp
#include <iostream>
#include <iomanip>
using namespace std;
int sum=5000;

int main()
{
    int arr[3]={10,20,30};
    {
        int i, sum = 0;
        for (i = 0; i < 3; i++)
            sum += arr[i];
        cout << "sum = " << sum << endl; //输出局部变量的值
        ::sum += sum;                    //通过::在同名局部变量的作用域内对全局 sum 访问
        cout << "全局 sum = " << ::sum << endl;
    }

    sum *= 2;
    cout << "sum = " << sum << endl;
    int sum = 200;                       //定义另一个局部变量 sum
    cout << "sum = " << sum << endl;
    ::sum += sum;
    cout << "全局 sum = " << ::sum << endl;

    return 0;
}
```

程序运行结果：

```
sum = 60
全局 sum = 5060
sum = 10120
sum = 200
全局 sum = 10320
```

由此可知，在没有同名冲突的情况下，可直接访问全局变量；在同名局部变量的作用域内访问全局变量，需要在全局变量名前加上域解析符"::"。

2．形参可带有默认值

在 C 语言中调用一个函数时，实际参数必须与形式参数个数相同，这是因为如果没有对应的实际参数，形式参数将无法获得确定的值。而在 C++语言中，允许在函数原型声明中将一个或多个形式参数指定为默认参数值。这样，在调用函数时，对具有默认参数值的形式参数可以不提供实际参数。如果不提供实际参数，则形式参数就使用默认参数值。如果提供了实际参数，则遵循参数单向值传递的规则，即用实际参数的值初始化形式参数，实际参数提供的顺序为从左到右，以此来保证在每一次调用中每一个形式参数均有值，要么使用默认值，要么使用实际参数。

3．内联函数

在 C 语言中，对于一些功能简单的函数，有时用宏定义来代替，用来减少程序执行过程中调用函数所需要的时间和空间的开销。但是，预处理器对宏定义进行了简单的文本替换，并没有考虑代码的语义，存在不安全因素。

C++语言增加了一种特殊的函数——内联函数，这种函数代替宏定义，增强了安全性。在一个函数定义首部的最前面添加关键字 inline，该函数就成为内联函数。内联函数内一般不允许用循环语句和条件语句，否则编译将视同普通函数那样产生函数调用代码。同时，内联函数不能用来递归。事实上，内联函数只适合于行数短小的简单函数。对于一个含有许多语句的复杂函数，没有必要用内联函数来实现。

4．函数的重载

在 C 语言中，同一作用域范围内函数名必须是唯一的，即使完成同一功能的函数，只要对形式参数有不同的要求，就必须定义为不同名称的函数。这种要求使用户记忆困难，使用不方便。

在 C++语言中，对于功能完全相同或类似，只是形式参数的个数、类型、顺序方面不同的函数，可以用重载来实现。

需要注意的是：

(1) 重载函数与带有默认值的函数一起使用时，可能会引起二义性。例如："void fun(int x=3);"和"void fun();"。

(2) 函数对应位置的参数为值形式参数与引用形式参数的区别。例如："void fun(int);"与"void fun(int&);"。

当主调函数中有语句 fun(a)时，其中 a 为 int 型变量，则编译器将无法判断究竟应该调用哪一个版本的函数，引起歧义。从本质上来讲，判断重载函数是否正确，要保证任何一次的调用都不会引起歧义。

5．引用作为形参

在 C++语言中，引用的最主要用途是作为函数的形参，用于在被调用时成为实参变量在被调函数中的别名，从而可以通过对引用的访问和修改，达到对实参变量进行操作的效果。对实参变量的访问和修改提供了一种方便简单的途径。

【例 3-10】　通过引用参数交换对应实参变量的值示例。

```
#include <iostream>
using namespace std;

void swap(int &x, int &y)
{
    int t = x; x = y; y = t;
}
int main()
{
    int a = 3, b = 5, c = 10, d = 20;
    cout << "a=" << a << "    b=" << b << endl;
    swap(a,b);
    cout << "a=" << a << "    b=" << b << endl;
    cout << "c=" << c << "    d=" << d << endl;
    swap(c,d);
    cout << "c=" << c << "    d=" << d << endl;
    return 0;
}
```

程序运行结果：

```
a=3    b=5
a=5    b=3
c=10    d=20
c=20    d=10
```

通过将形参设为引用参数，可以方便地实现修改实参变量的目的，而其形式上又与简单直观的值形式参数相同，从而克服了不能通过值形式参数改变对应实参变量的缺陷。值形式参数在函数调用之初，系统为其另外分配内存，然后将实参的值复制到形参的内存中。而引用形参在函数被调用时，系统不会为其分配内存空间，它们只是对应实参变量的别名。对引用形参变量的任何操作实际上就是对对应的实参变量的操作。

注意：与引用形参对应的实参只能是变量，而不能是常量或者是表达式。

大部分情况下，使用引用形参是为了方便改变对应实参变量的值。但是在无需改变对应实参变量值时，因为不需要另外分配空间进行传值操作，用引用参数仍然比用值形式参数更有效。为了防止在函数中修改引用参数导致实参的变化，可以在引用参数之前增加 const 修饰符使其成为常引用，一旦对常引用形式参数做修改，编译器就会报错。

【例 3-11】　引用参数前面加 const 修饰符。

```
#include <iostream>
using namespace std;

int fun(const int &x, int &y, int z)
```

```
    {
        //x++;          //若此句作为函数语句，则会报错
        z++;
        y=x + y + z;
        return y;
    }
    int main()
    {
        int a = 1, b = 2, c = 3, d = 0;
        cout << "a=" << a << "   b=" << b << "   c=" << c << "   d=" << d << endl;
        d = fun(a, b, c);
        cout << "a=" << a << "   b=" << b << "   c=" << c << "   d=" << d << endl;
        return 0;
    }
```

程序运行结果：

```
    a=1    b=2    c=3    d=0
    a=1    b=7    c=3    d=7
```

常引用效率更高，因为无需另外分配数据内存，无需复制，节省时间。

与常引用对应的实参只能是变量，而与值形式参数对应的实参可以是常量、变量、表达式等。

6. 引用作为返回值

在 C 语言中，函数只能返回特定类型的值，该值被主调函数使用。在 C++ 语言中，对于函数返回的内容，除了可以返回值以外，还可以返回一个引用。

返回引用的函数的原型声明形式为：

类型名& 函数名 (形式参数列表);

在形式上与值返回函数相比，就是在返回值类型后面多了一个引用定义标识 "&"。

引用返回函数的调用形式如下：

a. 可以作为独立的函数调用语句。

b. 可以作为表达式中的某一个运算对象使用。

c. 可以作为左值使用，即可出现在赋值运算符的左侧。这种调用形式只有引用作为返回值的函数才可以，值返回函数不可以。

【例 3-12】 引用返回函数的定义和调用。

```
    #include <iostream>
    using namespace std;

    int& fun(const int &x, int &y, int z)
    {
        z++;
```

```
        y = x + y + z;

        return y;

    }

    int main()

    {

        int a = 1, b = 2, c = 3, d = 0;

        cout << "a=" << a  <<"  b=" << b << "  c=" << c << "  d=" << d << endl;

        fun(a, b, c);                      //作为独立的函数调用语句

        cout << "a=" << a  <<"  b=" << b << "  c=" << c << "  d=" << d << endl;

        d = fun(a, b, c);                  //作为表达式中的运算对象使用

        cout << "a=" << a  <<"  b=" << b << "  c=" << c << "  d=" << d << endl;

        fun(a, b, c) = 20;                 //作为左值使用

        cout << "a=" << a  <<"  b=" << b << "  c=" << c << "  d=" << d << endl;

        return 0;

    }
```

程序运行结果：

```
    a=1    b=2    c=3    d=0

    a=1    b=7    c=3    d=0

    a=1    b=12    c=3    d=12

    a=1    b=20    c=3    d=12
```

对于引用作为返回值的函数有以下几个要求：

(1) return 后面只能是变量，而不能是常量或者表达式，因为变量才有左值。

(2) return 后面变量的内存空间在本次函数调用结束之后应当仍然存在，因此局部自动型变量不能作为引用返回。

(3) return 后面返回的不能是常引用，因为常引用是为了保护对应的实际参数变量不被修改而设定的，但是引用返回的函数作为左值必定引起变量的修改。所以，一般情况下，引用返回的是该函数中的一个引用形式参数。

 本 章 小 结

本章介绍了 C++语言函数的定义和使用，特别讲述了 C++中所特有的内联函数、带默认形参值的函数和函数的重载。函数是程序的基本单位，一个 C++程序可以由一个主函数和若干个子函数组成。主函数是程序执行的入口，由主函数调用子函数，子函数也可以再调用其他子函数，这样就实现了函数的模块划分，使得程序具有可复用性，开发的效率也大大提高。同时，C++系统中还提供了许多已经编写好的库函数，分类存在于不同的头文件中。程序员只需要用 include 指令嵌入相应的头文件，就可以方便地使用这些系统函数。

 习题

1. 编写一个函数的函数声明和函数定义，该函数获取三个 int 类型的数值，返回这三个数值之和。

2. 编写一个求圆面积的 C++ 程序。要求使用内联函数的形式编写求圆面积的子函数 Area，主函数 main 负责输入半径、调用子函数 Area 求面积并显示面积的计算结果。

3. 定义一个标识符为 Max 的函数，其函数功能是判断两个整数的大小，并将较大的整数显示出来。

4. 编写两个自定义函数，函数功能分别是：求两个整数的最大公约数和最小公倍数。要求输入和输出均在主函数中完成。

样例输入：15 25。

样例输出：5 75。

5. 编写函数，函数功能是：将两个两位数的正整数 a、b 合并成一个整数 c，合并规则是将 a 的十位和个位分别放在 c 的千位和个位，将 b 的十位和个位分别放在 c 的百位和十位。a、b 由键盘输入，输入和输出均在主函数中完成。

6. 编写程序，求 m 和 n 之间(包括 m 和 n，m≤n)所有素数的平方之和。要求使用函数，函数的功能是：判断某一个数是否为素数。m 和 n 由键盘输入，要求输入和输出均在主函数中完成。

第 4 章　数组和字符串

程序执行过程中经常涉及对大量数据的存储和处理，如果为每个数据都声明变量来保存其数据值，那么必将为它们声明大量的变量，同时会造成重复相似的冗余代码。因此，需要一种高效的数据组织方式来解决这个问题，C++语言的数组就为此提供了解决方法。数组将同类型数据组成一个集合，并以统一的方式进行相关操作。

4.1　一 维 数 组

数组以集合的方式保存同类型的数据。一个数组中的每个数据值称之为数组元素，可以通过数组下标来访问。有了数组，就不需要声明大量的单个变量。如程序设计中需要使用 26 个整型数据，可以声明 int a，b，c，…，z 等 26 个变量来存放数据值；若采用声明一个一维数组 int num[26]，然后通过 num[0]、num[1]、num[2]、…、num[25]的方式来访问其中的每一个元素，将使访问更加方便有效。

4.1.1　一维数组的声明

一维数组是指数组元素只有一个下标变量的数组。一维数组是计算机程序中最基本的数组形式，经常用来存放线性关联的数据。

数组的声明用以指明数组的名字、数组的类型、数组的大小，语法形式如下：

    elementType   arrayName[SIZE];

其中，elementType 指定了数组中数据的类型，数组中的所有成员都应是同样的数据类型；arrayName 指定了数组的名字，是符合 C++语法规则的标识符；SIZE 指定数组的大小，要求是大于 0 的整数。

例如，下面的语句声明了一个名为 num 的可存储 10 个整型数据的数组。

    int num[10];

数组声明后在内存中将被分配相应的空间，需要对数组元素进行初始化。

4.1.2　数组的初始化

数组元素的初始化语法形式如下：

    elementType   arrayName[arraySize]={value0,value1,…,valuek};

例如：

    int num[4] = {1, 2, 3, 4};

(1) 数组的声明和初始化必须在一条语句中完成，若将两者分开，则会导致语法错误。

例如，下面的语句是错误的。

```
int num[4];
num[4]={1,2,3,4};
```

(2) 如果在初始化声明时，所有值都初始设定，则数组大小可以省略，编译器会自动计算出数组包含几个元素。例如，下面的语句是合法的。

```
int num[]={1,2,3,4};
```

编译器自动统计出数组的元素个数为 4。

(3) C++ 允许只初始化数组中的部分元素，没有被初始化的成员将被赋值为 0。例如下面的语句进行部分数据成员的初始化。

```
int num[4]={1,2};
```

数组的前两个元素的值分别为 1、2，后两个元素的值自动赋值为 0。

4.1.3 数组元素赋值和访问数组元素

数组元素的赋值语法如下：

```
arrayName[index]=value;
```

其中 index 是数组的下标，其取值范围为 0～SIZE−1，第一个元素为 arrayName[0]，最后一个元素为 array[SIZE-1]。

例如，下面语句为对声明的整型数组 num[10]进行赋值。

```
num[0] = 1;
num[1] = 2;
num[2] = 3;
num[3] = 4;
num[4] = 5;
num[5] = 6;
num[6] = 7;
num[7] = 8;
num[8] = 9;
num[9] = 10;
```

由于上述逐个元素赋值的方式过于繁琐，也可以采用循环结构对数组中的每一个元素进行赋值。

```
for(int i = 0; i < 10; i++)
    num[i] = i + 1;
```

其中，循环变量 i 取值从 0 到 9，可以遍历到数组中的每一个元素。

若访问数组中某个特定元素，可以通过下标来访问，语法表示如下：

```
arrayName[index];
```

例如：

```
num[9] = num[0] + num[1];
cout << num[9] << endl;
```

上面代码实现将数组中的第一个元素的值和第二个元素的值相加后放到最后一个元素所在空间并输出的功能。

注意：访问数组元素的时候，应确保下标在 0～SIZE−1 的范围内，使用的下标超过这个范围会引起非法越界的错误。如果使用 num[-1]和 num[20]访问数组将会引起一些错误，例如编译失败或者访问错误。

4.1.4 一维数组应用举例

【例 4-1】 输入 10 个数，输出相邻两数相加的和。

```cpp
#include <iostream>
using namespace std;


int main()
{       long a[10];
        for (int i = 0; i < 10; i++)
                cin >> a[i];
        for (int i = 0; i < 9; i++)
                cout << a[i] + a[i+1] << ' ';
        return 0;

}
```

程序运行结果：

```
41 69 76 53 46 96 18 76 8 3
110 145 129 99 142 114 94 84 11
```

4.2 二 维 数 组

二维数组是指数组元素是双下标变量的数组。二维数组可以看作是一个矩阵，用统一的数组名来标识，第一个下标表示行，第二个下标表示列。

4.2.1 二维数组的定义

二维数组相当于一个矩阵，它的定义方法与一维数组的定义方法类似。

二维数组定义的一般形式为：

类型说明符 数组名[常量表达式 1][常量表达式 2];

其中，类型说明符指定了数组元素的类型；数组名是 C++ 允许的标识符；常量表达式 1 指定数组元素的行数；常量表达式 2 指定数组元素的列数。

例如，定义一个二维数组 b 如下：

float b[3][3];

该数组由 9 个元素构成，其中每一个数组元素都属于浮点型数据。数组 b 的各个数据元素依次是：b[0][0]、b[0][1]、b[0][2]、b[1][0]、b[1][1]、b[1][2]、b[2][0]、b[2][1]、b[2][2]，

它们在内存中的排列顺序如图 4-1(a)所示，对应关系如图 4-1(b)所示。

b[0][0]
b[0][1]
b[0][2]
b[1][0]
b[1][1]
b[1][2]
b[2][0]
b[2][1]
b[2][2]

(a) 二维数组在内存中排列顺序图

	第0列	第1列	第2列
第0行	b[0][0]	b[0][1]	b[0][2]
第1行	b[1][0]	b[1][1]	b[1][2]
第2行	b[2][0]	b[2][1]	b[2][2]

(b) 二维数组对应关系图

图 4-1　二维数组排列顺序以及对应关系图

数组 b 可以看作一个矩阵，如图 4-1(b)所示，每个元素有两个下标，第一个方括号中的下标代表行号，称为行下标；第二个方括号中的下标代表列号，称为列下标。其中每个数据元素都可以作为单个变量使用。

又如，要分别表示张三、李四、王五这三名学生的语文、数学、英语三门课的成绩，可参见表 4-1。

表 4-1　三名学生的三门课的成绩

姓名	语文	数学	英语
张三	98	96	94
李四	97.5	89	90
王五	95	88	92.5

可以定义一个二维数组来保存课程成绩。

```
float Score[3][4];
```

这个数组在内存中占用 12 个连续的 float 元素的存储单元，如图 4-2 所示。可以看到，二维数组在内存中的存放仍然是一维的，且各个元素按行顺序存放。

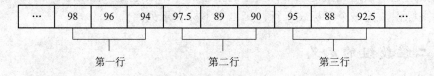

图 4-2　成绩值在内存中的存储图

关于二维数组的几点说明如下：

(1) 二维数组中的每个元素都有两个下标，且必须分别放在单独的“[]”内。

(2) 二维数组定义中的第 1 个下标表示该数组具有的行数，第 2 个下标表示该数组具有的列数，两个下标之积是该数组元素的总个数。

(3) 二维数组中的每个数组元素的数据类型均相同。二维数组中各个元素的存放规律是按行排列。

(4) 二维数组可以看作是数组元素为一维数组组成的数组。例如：上例中的数组 Score [3][4]，可以看作是由三个一维数组 Score [0]、Score [1]、Score [2]组成的。

4.2.2 二维数组的初始化

对二维数组的初始化操作，可以用以下几种方法实现。

(1) 按行给二维数组的所有元素赋初值。例如：

        int a[2][3] = {{1, 2, 3}, {7, 8, 9}};

或

        int a[2][3] =
        {   {1, 2, 3}
                {7, 8, 9}
        };

这种赋值方法是对数组中的元素按行逐个赋值，各行各列的元素一目了然，便于查错。对于初学者，建议使用这种方法。

(2) 不分行给二维数组的所有元素赋初值。例如：

        int a[2][3] = {1, 2, 3, 7, 8, 9};

在数据量较小时，用这种方法给二维数组赋初值，能降低代码的复杂度；但当数据过多时，则容易产生遗漏，如果一旦出错，不易检查。

(3) 给二维数组的所有元素赋初值，二维数组第一维的长度可以省略，但第二维的长度不能省略。例如：

        int a[][3]{1, 2, 3, 7, 8, 9};

或

        int a[][3] = {{1, 2, 3},{7, 8, 9}};

编译程序会根据数组元素的总个数分配存储空间，计算出行数。对于本例，已知数组元素的总个数为 6，列数为 3，计算机就很容易确定其行数为 2。

(4) 对部分元素赋初值。当某行大括号中的初值个数少于该行中元素的个数时，系统将自动默认该行后面的元素值为 0。也就是说，对数组元素赋值时，应该是依次逐个赋值，而不能跳过某个元素给下一个元素赋值。例如：

        int a[2][3] = {{1, 2}, {5}};

相当于

        int a[2][3] = {{1, 2, 0}, {5, 0, 0}};

4.2.3 二维数组元素的引用

定义了二维数组后，就可以引用该数组中的所有元素。需要特别指出的是，在引用数组时，要分清是对整个数组的操作还是对数组中某个元素的操作。

类似于一维数组的访问，可通过两个 "[]" 运算符访问二维数组元素，第一个 "[]" 运算符指定元素的行下标，第二个 "[]" 运算符指定元素的列下标。二维数组的行下标和列下标均是从 0 开始的。如果有一个 m 行、n 列的二维数组，它的第一行第一列元素的行下标和列下标分别是 0 和 0，最后一行最后一列元素的行下标和列下标分别是 m-1 和 n-1。

C++语言中对二维数组的引用形式如下：

数组名[下标 1][下标 2];

其中，下标可以是整型常量或整型表达式。

例如，有以下定义语句：

　　　int b[3][3], i, j;

则以下对数组元素的引用形式都是合法的。

　　　b[0][0]　　　//引用数组中的第一个元素

　　　b[1][1+1]　　//引用数组中的第二行第三个元素

　　　b[i][j]　　　//引用数组中第 i 行第 j 个元素，其中 i 和 j 应同时满足是大于或等于 0 且小于或

　　　　　　　　　//等于 2 的整数

对二维数组的引用，还应注意以下几点：

(1) 引用二维数组元素时，下标表达式 1 和下标表达式 2 一定要分别放在两个括号内。例如，对上例中 b 数组的引用不能写成 b[0,0]、b[1,1+1]、b[i,j]，因为这些都是不合法的。

(2) 在对数组元素的引用中，每个下标表达式的值必须是整数且不得超越数组定义中的上、下界。常出现的错误如下：

　　　float a[3][4];

　　　...

　　　a[3][4] = 5.25;

这里定义 a 为三行四列的数组，它可用的行下标最大值为 2，列下标最大值为 3，引用该数组第三行第四列的元素数时写成 a[3][4] 是错误的，其超越了数组下标值的范围，正确的写法应该是 "a[2][3] = 5.25;"。

(3) 数组元素可以赋值，可以输出，也就是说，任何可以出现变量的地方都可以使用同类型的数组元素。

4.2.4　二维数组应用举例

二维数组元素的处理因为涉及行坐标和列坐标两个数据值，经常需要结合两重循环语句来完成对数组中每个数据值的遍历。如下面的程序就是用一个两重循环语句在数组 Temp 中查找最大值。

【例 4-2】　从一个三行四列的二维数组中查找最大元素数据。

```cpp
#include <iostream>
using namespace std;

int main()
{
    const int rows = 3;              //数组行数
    const int columns = 4;          //数组行数
    float highest = 0;              //求二维数组的最大元素
    float Temp[rows][columns] = {
    {26.1, 34.6, 22.6, 17.8},
```

```
        {24.5, 32.1, 19.8, 13.5},
        {28.6, 38.2, 25.6, 20.8},
    };                          //初始化
    for (int i = 0; i < rows; ++i) {
        for (int j = 0; j < columns; ++j) {
            if (Temp[i][j] > highest) {
                highest = Temp[i][j];
            }
        }
    }
    cout << "最大元素为：" << highest << endl;
    return 0;
}
```

程序运行结果：

最大元素为：**38.2**

【例 4-3】 打印输出如图 4-3 所示的杨辉三角形(要求打印 10 行)。

```
#include <iostream>
using namespace std;

int main()
{
    int a[10][10];
```

$$
\begin{array}{ccccccccccc}
 & & & & & 1 & & & & & \\
 & & & & 1 & & 2 & & 1 & & \\
 & & & 1 & & 3 & & 3 & & 1 & \\
 & & 1 & & 4 & & 6 & & 4 & & 1 \\
1 & & 5 & & 10 & & 10 & & 5 & & 1
\end{array}
$$

图 4-3 杨辉三角形图

```
    //下面的循环将数组第一列元素和对角线元素赋值为 1
    for(int i = 0; i < 10; i++) {
        a[i][0] = 1;
        a[i][i] = 1;
    }

    //下面的循环用于求其他元素的值
    for (int i = 0; i < 10; i++) {
        for(int j = 1; j < i; j++) {
            a[i][j] = a[i-1][j-1] + a[i-1][j];
        }
    }

    //下面的循环用于按行输出求得的二维数组元素的值
    for (int i = 0; i < 10; i++)
    {
```

```cpp
        for (int k=0; k<10-i; k++)
            cout << "  ";              //前置空格，使最后结果呈三角形状
        for(int j = 0; j <= i; j++)
        {                              //使每个元素占 4 列，并且左对齐
            cout << left << setw(4) << a[i][j];
        }
        cout << endl;
    }
    return 0;
}
```

程序运行结果：

```
                    1
                 1    1
              1    2    1
           1    3    3    1
        1    4    6    4    1
     1    5    10   10   5    1
   1    6    15   20   15   6    1
  1    7    21   35   35   21   7    1
 1    8    28   56   70   56   28   8    1
1    9    36   84   126  126  84   36   9    1
```

分析：

(1) 依题意可声明一个 10 × 10 的二维数组来存放数据，如"int a[10][10];"。

(2) 由杨辉三角形知，数组第一列元素和对角线上的元素为 1，即有"a[i][0] = 1;"和"a[i][i] = 1;"。

(3) 杨辉三角形的其他元素为它正上方和斜上方两元素的和，即为"a[i][j] = a[i-1][j-1] + a[i-1][j];"。

(4) 按行输出，按照上述方法求得二维数组元素的值。

4.3 字 符 数 组

用来存放字符型数据的数组称为字符数组，其中每个数组元素存放的值都是单个字符。字符数组分为一维字符数组和多维字符数组。一维字符数组常常存放一个字符串；多维字符数组常用于存放多个字符串，可以看作是一维字符串数组。

C++中，用一个一维的字符数组表示字符串。数组的每一个元素保存字符串的一个字符，并在字符串的末尾附加一个空字符，表示为 '\0'，以识别字符的结束。所以，如果一个字符串有 n 个字符，则至少需要有 n+1 个元素的字符数组来保存它。例如，一个字符 'a' 仅需要一个字符变量就可以保存；而字符串 a 需要有两个元素的字符数组来保存，一个元素

存字符 'a'，另一个元素存空字符 '\0'。

4.3.1　字符数组的定义及初始化

字符数组也是数组，只是数组元素的类型为字符型。所以字符数组的定义、初始化以及字符数组元素的引用与一维数组相似。不同之处在于：定义时类型说明符为 char，初始化时使用字符常量或相应的 ASCII 码值，赋值使用字符型的表达式。

1．字符数组的定义

字符数组的定义方法与字符变量、数组的定义方法相似，只是数据类型为 char。例如：

　　　char c1[10];　　　//定义了有 10 个元素的字符数组 c1

　　　char str[5][10];　　//定义了有 5×10 个元素的二维字符数组 str

2．字符数组的初始化

对字符数组的初始化，除了可以使用一般数组的初始方法外，还增加了以下一些方法。

(1) 以字符常量的形式对字符数组初始化。例如：

　　　char str[]={'C', 'H', 'I', 'N', 'A'};

相当于

　　　char str[5]={'C', 'H', 'I', 'N', 'A'};

赋值后各元素在内存中的存储形式如图 4-4 所示。

C	H	I	N	A
c[0]	c[1]	c[2]	c[3]	c[4]

图 4-4　存储关系表

说明：一般以字符常量的形式对字符数组的各个元素赋初值，系统不会自动在最后一个字符后加结束标志 '\0'。如果要加结束标志，必须明确指定。

例如：

　　　char str1[]={'C', 'H', 'I', 'N', 'A', '\0'};

相当于：

　　　char str1[6] = {'C', 'H', 'I', 'N', 'A', '\0'};

如果是对部分元素赋初值，对未赋值的元素由系统自动赋予空字符 '\0' 值，相当于有字符结束标志，例如：

　　　char str2[10] = {'C', 'H', 'I', 'N', 'A'};

赋值后各元素在内存中的存储形式如图 4-5 所示。

C	H	I	N	A	\0	\0	\0	\0	\0
c[0]	c[1]	c[2]	c[3]	c[4]	c[5]	c[6]	c[7]	c[8]	c[9]

图 4-5　赋值后元素存储形式

(2) 以字符串的形式对字符数组初始化。例如：

　　　char str[] = {"CHINA"};

相当于

　　　char str[6] = "CHINA";

初始化后各元素在内存中的存储形式如图
4-6 所示。

C	H	I	N	A	\0
str[0]	str[1]	str[2]	str[3]	str[4]	str[5]

图 4-6　初始化后元素的存储形式图

说明：以字符串常量形式对字符数组初始化，系统会自动在该字符串的最后加入字符串结束标志，它的 ASCII 码为 0。

4.3.2　字符数组的输入/输出

1. 字符数组的输出

字符数组可以用 cout 输出，例如：

　　char s1[] = "example";

输出形式为：

　　cout << "The string is" << s1 << endl;

输出结果为：

　　The string is example

2. 字符数组的输入

字符串(字符数组)通常用 scanf 和 cin 输入，分别介绍如下：

1) 用 scanf 函数输入字符串

scanf 可以一次输入一个或多个字符串，如果一次输入多个字符串，字符串之间用空格隔开，用"ENTER"结束输入。

例如，假定已经定义：

　　char s1[10], s2[10];

执行语句为：

　　scanf("%s", sl);

输入字符串"Learn C++"，数组 s1 中的元素显示如图 4-7 所示。

L	e	a	r	n	\0	?	?	?	?

图 4-7　数组 s1 中的元素示意图

即将空格前的字符送入数组 s1 中，忽略了空格后的字符。

如果执行语句为：

　　scanf("%s%s", s1, s2);

输入字符串"Learn C++"，数组 s1 和 s2 中的元素显示如图 4-8 所示。

L	e	a	r	n	\0	?	?	?	?
C	+	+	\0	?	?	?	?	?	?

图 4-8　数组 s1 和 s2 中的元素示意图

这里要注意用 scanf 函数输入字符与输入字符串的不同。例如：

　　char c1, c2;

　　char s1[10], s2[10];

　　scanf("%c%c", &c1, &c2);　　　　//输入单个字符

　　scanf("%s%s", s1, s2);　　　　　//输入整个字符串

2）用 cin 输入字符串

用 cin 输入字符串的作用与 scanf 类似，但更方便。例如，假定 s1 定义还与前面一样，执行下面的语句：

    cin >> s1;

输入字符串"Learn C++"，s1 的值与用 scanf 的结果是一样的。如果一个字符串中有空格，就需要在空格的地方将字符串分成两个或多个字符串输入。例如，某人名字为"Ian Aitchison"，可以用下面的语句输入。

    char firstname[12], surname[12];

    cout << "Enter name";

    cin >> firstname;

    cin >> surname;

    cout << "The name entered was" << firstname << " " << surname;

执行上面的语句，输入"Ian Aitchison"，输出结果如下：

    The name entered was Ian Aitchison

上面的程序段也可以修改为：

    char firstname[12], surname[12];

    cout << "Enter name";

    cin >> firstname >> surname;

    cout << "The name entered was" << firstname << " " << surname;

这两段代码的效果是一样的。C++ 允许存放任意长度的字符串，但如果字符串长度超过字符数组长度，越界字符则会改写数组后面的内存地址中存放的数据。

3）用 getline 函数输入字符串

可以将整行文本输入到数组中。为此，C++ 提供了 cin.getline 函数，cin.getline 函数有三个参数：存放该行文本的字符数组、长度和分隔符。例如，下列程序段：

    char sentence[80];

    cin.getline(sentence, 80, '\n');

声明 80 个字符的数组 sentence，然后从键盘读取一行文本到该数组中。

4.4　字　符　串

char 型变量只能存放一个字符，C++ 语言以字符数组的形式把字符串常量存放在内存中。因此在处理字符串时，往往要和字符数组联系在一起。字符数组的长度是固定的，实际存放其中的字符串的长度一般都会小于字符数组的长度。C++ 语言自动为字符串常量的结尾处加上一个 '\0' 字符，又称为空字符，用以标明字符串结束的位置。例如：

    char s[6] = "hello";

表示定义一个长度为 6 的字符数组 s，并存放了一个字符串"hello"，该字符串有包括空字符在内的 6 个字符。其内存存储情况如图 4-9 所示。

'h'	s[0]
'e'	s[1]
'l'	s[2]
'l'	s[3]
'o'	s[4]
\0	s[5]

图 4-9　字符数组的存储结构

也可以用字符指针变量指向一个字符串常量。例如：

    char *p = "hello";

表示定义一个字符指针变量 p，并指向字符串"hello"。

4.4.1 字符串的处理

字符串的处理通常需要借助循环结构。由于字符串以 '\0' 为结束标志，因此它与普通数组处理上的区别在于，循环条件不再是判断下标，而是判断字符串的当前字符是否为 '\0'。如果发现当前字符是空字符，则认为到了字符串的结尾，退出循环。

【例 4-4】 将字符串中的小写字母转换为大写字母。

```cpp
#include <iostream>
using namespace std;

int main()
{
    const int n = 100;
    char s[n];                          //定义字符数组
    int i;
    cout << "请输入一个字符串：" << endl;
    cin >> s;
    for (i = 0; s[i] != '\0'; i++)       //请注意循环条件
        if(s[i] >= 'a' && s[i] <= 'z')
            s[i] -= 32;
    cout << s << endl;
    return 0;
}
```

运行情况如下：

    请输入一个字符串：
    aBcdE
    ABCDE

4.4.2 字符串和字符串结束标志

字符串是用双引号括起来的若干有效字符序列。在 C 语言中，字符串可以包含字母、数字、符号、转义符。字符数组是存放字符型数据的数组，其中的元素可以是字符串，也可以是字符序列。

C++语言的许多字符串处理库函数既可以使用字符串，也可以使用字符数组。为了便于处理字符串，C++语言规定以 '\0' (ASCII 码为 0 的字符)作为字符串结束标志，字符串结束标志占用一个字节。对于字符串常量，编译系统会自动在其最后一个字符后增加一个结束标志；对于字符数组用于处理字符串，在有些情况下，系统会自动在其数据后自动增加一个结束标志，但在更多的情况下，结束标志要由程序员自己添加(因为字符数组不仅仅用于处理字符串)。如果不是处理字符串，字符数组中可以没有字符串结束标志。

　　系统在对一个字符串进行操作时，最根本的操作是要知道这个字符串有多长，有了这个字符串结束标志后，就可以对字符串边处理边判断是否结束，对任何一个字符串都可以将它看作是由若干字符和一个字符串结束标志组成的。例如 "CHINA" 相当于 'C'、'H'、'I'、'N'、'A'、'\0' 六个字符。故在定义 "char str[] = "CHINA";" 中，数组的长度为 6 而不是 5。

　　通常只有在程序中要对字符串进行处理时，才考虑字符串结束标志的问题。当某程序需要一字符串时，系统先找到字符串的第一个字符，然后依次向后，遇到'\0'字符时就认为当前这个字符串结束了。所以，要输出一个字符数组中的所有字符，可用以下方法：

```
int i = 0;
char str[] = "abcdef";
while(str[i++] != '\0');          //通过 '\0' 字符判断字符串是否结束
    cout << str[i];
```

　　字符串和字符数组的区别在于：字符串是存放在字符数组中的，字符串和字符数组的长度可以不一样；字符串以 '\0' 作为结束标志，而字符数组并不要求它的最后一个字符为 '\0'。

4.4.3　字符串库函数

　　C 语言提供了一些字符串库函数，为字符串的操作带来很大便利。C++语言保留了这些字符串库函数，不过在调用它们之前，需要在程序头部添加一条包含 string.h 文件的命令。常用的字符串库函数如表 4-2 所示。

表 4-2　一些常用的字符串库函数

函数原型	说　明
char *strcat(char *dest, const char *src);	把 src 指向的字符串粘贴在 dest 指向的字符串的后面,返回连接后的字符串的指针
char *strcpy(char *dest, const char *src);	把 src 指向的字符串复制到 dest 指向的字符数组中,返回复制后的字符串的指针
int strcmp(const char *s1, const char *s2);	把 s1 指向的字符串与 s2 指向的字符串进行比较,返回一个整数
int strlen(const char *s);	统计 s 指向的字符串的有效长度,并返回该长度
char *strchr(const char *s, char c);	查找 c 中的字符在 s 指向的字符串中第一次出现的位置,返回该位置的指针；如果没有出现,则返回 0
char *strstr(const char *s1,const char *s2);	查找 s2 指向的字符串在 s1 指向的字符串中第一次出现的位置,返回该位置的指针；如果没有出现,则返回 0

　　const char* 表示指向常量的指针，不能利用这样的指针修改所指目标的内容。在使用 strcat 函数时，应确保 dest 指向的字符数组的长度足以容纳连接后的新字符串。使用 strcpy 函数复制字符串时，是从 dest 指向的字符数组的起始处开始复制，覆盖了原先存放在其中的字符串。strlen 函数统计的是字符串的实际字符个数，不包括空字符。

例如，函数调用"strlen("hello");"的返回值是 5，而不是 6。

strcmp 函数按词典序对两个字符串进行比较，如果相等，则其返回值是 0；如果 s1 指向的字符串大于 s2 指向的字符串，则返回值是一个正数；如果 s1 指向的字符串小于 s2 指向的字符串，则返回值是一个负数。字符串比较的规则是，两个字符串从各自的第一个字符开始，相应位置的字符依次按 ASCII 码比较大小，直到出现不同的字符或遇到空字符为止。如果全部字符都相等，就认定两个字符串相等；如果出现不同的字符，则以首先出现不相同字符的比较结果为准。例如，函数调用"strcmp("big"，"boy");"的返回值是一个负数，实际上是字符"i"与字符"o"的 ASCII 码之差。

【例 4-5】 输入三个字符串，按升序排序后输出。

```cpp
#include <iostream>
#include <string.h>
using namespace std;

void strswap(char a[],char b[])              //交换两个字符串
{
        char t[20];
        strcpy(t,a);
        strcpy(a,b);
        strcpy(b,t);
}

int main()
{
        char s[3][20];
        cout << "输入三行字符串(每行不超过 20 个字符)" << endl;
        cin >> s[0] >> s[1] >> s[2];              //输入三个字符串
        if(strcmp(s[0],s[1])>0)
                strswap(s[0],s[1]);
        if(strcmp(s[0],s[2])>0)
                strswap(s[0],s[2]);
        if(strcmp(s[1],s[2])>0)
                strswap(s[1],s[2]);
        cout << "排序后的结果为： " << endl;
        for(int i=0;i<3;i++)
                cout << s[i] << endl;
        return 0;
}
```

程序运行结果：

输入三行字符串(每行不超过 20 个字符)

shenzhen

guangzhou

beijing

排序后的结果为：

Beijing

guangzhou

shenzhen

4.4.4 字符串类

相比字符串库函数而言，字符串类更能体现面向对象程序设计的特点。C++标准类库提供了 string 类，使得程序员能以对象的方式来定义字符串。使用 string 对象时，不但不必再担心占用内存的实际长度等细节问题，而且可以像基本数据类型那样十分方便地进行赋值、比较等操作。使用 string 类之前，需要在程序头部添加以下一条语句来包含 cstring 头文件。

    #include<cstring>

需要指出的是，由于标准 C++类库版本的原因，有两种形式的头文件：一种有".h"扩展名，例如"iostream.h";另一种则没有扩展名，例如"iostream"。在 Visual C++ 6.0 环境中编写程序时，应注意头文件形式的一致性，即在程序中只能使用其中一种形式的头文件。另外，不能混淆 string 类的构造函数存在多个重载的版本，因此 string 对象的定义和初始化有多种形式。

例如：

    string s1;   //空串

    string s2("abc");   //字符串的内容是 abc

    string s3(s2);   //与对象 s2 的字符串内容相同

C++为 string 类设计了很多操作方法，例如插入、替换、查找、清除、赋值、比较等。表 4-3 列出了一部分 string 类的操作方法。

表 4-3 string 类的操作方法

方　　法	说　　明
==	判断两个字符串对象的内容是否相等
!=	判断两个字符串对象的内容是否不相等
>	判断两个字符串对象的大于关系
<	判断两个字符串对象的小于关系
=	将一个字符串对象的内容赋给另一个字符串对象
+	连接两个字符串对象的内容
+=	将一个字符串对象的内容粘贴到另一个字符串对象的后面
[]	访问由下标指示的字符串对象中的某一个字符
size	测试字符串对象的有效字符个数
empty	测试字符串对象的内容是否为空

续表

方　法	说　　明
at	读取字符串对象中指定位置的字符
insert	将某个字符串插入到字符串对象的指定位置
replace	用某个字符串取代字符串对象的指定范围
find	查找某个字符串或字符在字符串对象中第一次出现的位置
erase	清除字符串对象中指定的字符

【例 4-6】　string 类的应用。

```
#include<iostream>
#include<cstring>
using namespace std;

int main()
{      string s1("ABC"), s2("DEF");
       if(s1 == s2)
              cout << "两个字符串相同" << endl;
       else
              cout << "两个字符串不相同" << endl;
       s1 += s2;//字符串连接
       cout << "连接之后的字符串是：" << s1 << endl;
       return 0;
}
```

程序运行结果：

```
两个字符串不相同
连接之后的字符串是：ABCDEF
```

 本 章 小 结

本章介绍了数组和字符串的定义及使用。数组可用于存储和操作一个数据集合，其中所有数据都具有相同的类型。使用数组的下标来访问数组中的每一个对应的元素。C++字符串变量与字符数组类似，只是在使用方式上稍有区别。字符串变量使用"\0"标记数组中存储的一个字符串的结束。数组和字符串能使整个程序变得更加的方便整洁，并有利于后期的维护。

 习题

1. 编写一个程序，比较两个字符串的大小，不允许使用 strcmp 函数。输入分 2 行，

每一行均为字符串(不包含空格)。如果第一个字符串大于第二个字符串，则输出 1；如果两个字符串大小相等，则输出 0；如果第一个字符串小于第二个字符串，则输出 −1。

2. 找出下面程序或程序段中的错误，并改正。

```
#include <iostream>
using namespace std;
int main()
{
        int m, a[m];
        a[0] = 1;
        cout << a[0];
        return 0;
}
```

3. 将一个数组中的数循环左移。例如，数组中原来的数为：1　2　3　4　5，移动一次后变成：2　3　4　5　1。

4. 编写一个程序，要求能把从键盘上输入的成语倒着输出来。要求：多组输入，对于每一个输入的成语，输出该成语的倒序。

示例演示：

> 输入：倒背如流
>
> 输出：流如背倒
>
> 输入：出淤泥而不染
>
> 输出：染不而泥淤出
>
> ……

5. 编写一个程序，从任意 n 个数中找出最大的数和最小的数，并将它们相互交换。

6. 编写一个程序，要求用户输入 10 个数，并存储到数组中，程序显示这 10 个数中的最大值和最小值(注：最大值和最小值可能有多个)。

7. 编写一个程序，要求用户输入一年 12 个月每月的降雨总量，并采用一个 float 数组存储。程序显示：一年内的总降雨量、平均每月的降雨量、降雨量最大的月份和最小的月份。输入有效性检验：若用户输入的降雨量为负数，就不接受该数。

8. 编写一个程序，要求用户输入一串字符并存储到字符数组中。程序将其中的小写字母转换为大写字母，并显示结果。

第 5 章 类 与 对 象

面向对象程序设计是一种符合人类认识事物、解决问题思维方式的程序设计方法。通过抽象和封装建立事物的模型，模型之间通过消息、接口、事件触发等机制相互联系和作用从而得出问题的解。C++语言通过对传统 C 语言的一些技术改进，使得应用面向对象程序设计方法更容易实现。面向对象程序设计的主要特性是封装性、继承性和多态性，为了实现这些特性，C++ 所做的最重要的改进是提供了类和对象。本章首先介绍类和对象的概念，然后介绍如何使用类和对象进行程序设计。

5.1 类与对象概述

类是面向对象程序设计的核心和基础，类和对象也是 C++ 程序设计语言中的重要概念。在使用计算机进行问题的设计和求解过程中，首先需要对复杂问题进行简化和抽象，也就是说，将问题的本质特征抽取出来并根据特征建立问题的模型，体现在 C++ 语言程序设计中就是建立"类"的过程。

5.1.1 类的抽象和封装

抽象是人类认识问题的基本手段，即忽略问题中与当前事物无关的方面，将认识重点放在与当前事物有关的重要方面上。面向对象程序设计方法中的抽象是指对具体事物进行概括，抽出此类事物的公共性质并加以描述的过程。一般来讲，对一个问题的抽象包括两方面的任务：数据抽象和行为抽象。前者描述的是某类事物具有的静态属性或状态特征；而后者描述的是某类事物具有的动态行为或功能特征。

首先我们来看一个例子。在生活中经常会接触到日期类型的数据。如果要设计并实现一个设置和显示日期的程序，那么就需要对日期类型数据加以描述，建立日期类型数据模型，即日期类。对日期类型数据进行仔细分析后，可以设置三个整型数据来描述年、月、日，这就是对日期具有的三种静态属性的数据抽象。同时根据问题的要求，设计设置日期、显示日期等功能，这是对行为的抽象。下面代码采用 C++ 语言对日期类进行数据和行为的抽象。

(1) 数据抽象：

```
int year, month, day;
```

(2) 行为抽象：

```
setDate(int year, int month, int day);
showDate();
```

再比如，要设计一个人事管理系统，最初要处理的数据是人员的信息。简单抽象可以描述人员的工号、姓名、性别、年龄、工龄等静态属性，行为抽象可以描述请假、统计工资、计算工龄等管理系统所涉及的动态行为。

　　(1) 数据抽象：

```
int id;
string name;
char sex;
int age;
int gl;
```

　　(2) 行为抽象：

```
void qingJia();
void gongZi();
void gongLing();
```

　　可以看出，面对不同的问题，对于数据和行为的抽象不同，得出的结果也不同。在抽象出描述问题所需的数据和行为之后，需要对其进行封装。所谓封装就是将抽象得到的数据和行为相结合，形成一个有机的整体，也就是将数据和对该数据进行操作的函数进行结合，形成"类"。其中，数据和函数都是类的组成部分，称之为成员。在前面对日期类的抽象基础上，对其进行如下封装：

```
class Date
{
private:
    int year;
    int month;
    int day;
public:
    void setDate(int year,int month,int day);
    void showDate();
};
```

　　这里由关键字"class"定义了一个名称为"Date"的日期类，由一对花括号限定了该类的边界。该类中包含了对日期这类数据的属性抽象和行为抽象，形成了数据成员和函数成员。关键字"private"设定了类中成员的访问权限为私有，该权限表示类的外部对象是无法直接访问私有成员，但可以被类内部的成员函数访问，从而起到对数据的保护作用。另一个关键字"public"设定了类中成员的访问权限为公有，为在外部访问该类的成员提供了公共接口，起到类与外部进行交互的作用。对这两个关键字所修饰成员的访问控制具体在之后的章节会讲述。

　　通过上述类的建立过程可以看到，封装"类"的好处在于将问题所涉及的数据和对该数据进行的相关操作紧密地联系在一起，使得模型描述具备了整体性和完整性。同时，如果想修改或扩充类的功能，只需修改本类中相关的数据成员和成员函数，而类外的部分几乎不必修改，因此对整个程序的影响较小。

类的封装不仅把类的抽象结果全部组合在类里，而且可以给不同成员划分不同的访问权限。类中私有数据和公共接口的分离不仅进行了信息隐蔽和数据保护，还方便了对外交互、传递消息，简化了程序设计。

　　面向对象程序设计的核心就是围绕类的建立和使用来进行的。C++语言支持 C 语言所没有的类和对象。虽然 C 语言有结构体，但是结构体只是作为面向过程化程序设计中的自定义数据类型来使用，以封装数据为主，不封装对数据的操作函数。而且，面向过程的程序设计语言也不以结构体为核心，这也体现出 C 语言是面向过程的语言，而 C++语言是面向对象的语言。同时，我们也可以将"类"看成是结构体这种用户自定义数据类型的面向对象的转化，类具有更高的抽象性、封装性、继承性和多态性，类中的数据具有隐藏性。这种转化给程序设计整体思想带来的变革使得 C++更适合编写大型、复杂的程序。

5.1.2　类的定义

　　类的构成一般分为声明部分和实现部分。

　　声明部分用来说明类中的成员。成员包含数据成员和成员函数。数据成员定义该类对象的静态属性，由不同类型的数据组成。成员函数定义类对象的行为特征，用来对数据成员进行操作，又称为"方法"，由不同的功能函数组成。

　　实现部分完成对成员函数的定义。概括来说，声明部分负责告诉使用者"干什么"，而实现部分负责告诉使用者"怎么干"。

　　下面是类的一般定义格式：

```
class <类名>
{
private:
    <私有数据成员或私有成员函数的说明>
public:
    <公有数据成员或公有成员函数的说明>
protected:
    <受保护数据成员或受保护成员函数的说明>
};
//类的实现部分
<各个成员函数的实现>
```

其中，在类外部实现每个成员函数的格式如下：

```
返回类型 类名::成员函数名 (参数列表)
{
    函数体;
}
```

　　下面简单地对上面的格式进行说明：class 是定义类的关键字，<类名>是用户自定义的标识符，通常用首字母大写的字符串作为类名。一对花括号将类体中的成员封装起来。类的成员包含数据成员和成员函数两部分。

关键字 public、private 和 protected 被称为访问权限修饰符或访问控制修饰符。它们在类体内(即一对花括号内)出现的先后顺序没有要求，并且允许多次出现。从访问权限上来分，类的成员分为公有的(public)、私有的(private)和受保护的(protected)三类。

公有成员用 public 来声明。公有部分通常是一些操作，即成员函数，用以提供外界访问类的功能接口。不仅类中的成员函数可以访问公有成员，而且类的外部可以通过对象对公有成员进行访问。

私有成员用 private 来声明。私有成员通常是一些数据成员，这些成员是用来描述该类的静态属性，外界无法访问它们，只有该类的成员函数或经特殊说明的函数才可以引用它们，它们是被隐藏的部分。

受保护成员用 protected 来声明。受保护成员可以被类中的成员函数访问，类的外部不可以对它们进行访问。但是，在继承关系中，该类的派生类可以访问受保护成员。因此，受保护成员的权限介于私有成员和公有成员之间。

<各个成员函数的实现>用来实现类声明中的成员函数，包含了所有在类体内声明的函数的定义。如果成员函数在类体内只进行了声明，函数体的实现就要写在类外。如果成员函数在类体内定义实现，则不需要类外部的实现部分。

下面给出日期类的声明形式：

```
class Date
{
public:
        void SetDate(int yy, int mm, int dd);        //用户设定日期
        int IsLeapYear();                            //判断是否为闰年
        void printDate();                            //显示日期
private:
        int year, month, day;
};
```

声明类时应注意以下事项：

(1) 在类体中不允许对所定义的数据成员进行初始化。

(2) 类声明中的 private、protected 和 public 三个关键字可以按任意顺序出现任意次。但是书写上习惯将所有私有成员和公有成员归类放在一起，公有成员在前，私有成员在后。若不写权限关键字，则默认为私有。

(3) 一般情况下，类的数据成员应该声明为私有成员，成员函数大多声明为公有成员。这样，内部数据可以隐蔽在类中，类的外部不能直接访问，也不会对外部造成影响。

由此可见，类是一种复杂的数据类型，它是将不同类型的数据和与这些数据相关的操作封装在一起的集合体。

5.1.3　类的成员

1. 数据成员

类的数据成员和普通变量一样，包含数据类型和名称，并在类对象实例化后占用固定

长度的内存空间。在定义类的时候不能对数据成员赋值，因为类只是一种数据类型，本身不占用内存空间，而变量的值则需要内存来存储。

类中的数据成员的类型可以是任意的，数据成员的类型包含整型、浮点型、字符型、数组、指针和引用等，但是不能用自动(auto)、寄存器(register)或外部(extern)进行声明。

数据成员也可以是另一个类的对象或指向对象的指针。自身类的对象是不可以作为本类的数据成员的，但指向本类的指针或引用却可以作为本类的数据成员。

例如，假设已经定义了一个类 A，在定义类 B 的数据成员时可以为：

```
A a;            //数据成员 a 是已有类 A 的对象，正确
B *pb;          //数据成员 pb 是定义类 B 的自身的指针，正确
B b;            //数据成员 b 是定义类 B 的自身的对象，错误
```

当一个类的对象成为另一个类的数据成员时，如果该类的定义在另一个类的定义后面，则需要提前声明。例如：

```
class B;        //提前声明类 B
class A
{
private:
    B b;        // B 类对象成为 A 类的数据成员
    …
};
class B
{
    …
};
```

2．函数成员

1) 函数成员的声明与定义

类的函数成员或称成员函数遵循普通函数的定义格式。它与普通函数的区别是：成员函数属于一个类的成员，出现在类体中，它的作用范围由类来决定；而普通函数是独立的，作用范围是全局的，或位于某个命名空间内。

下面是实现成员函数的一般格式：

```
返回类型 类名::成员函数名(参数表)
{
    //函数体
}
```

下面给出前述日期类的完整定义：

```
class Date
{   public:
        void SetDate(int y, int m, int d);
        int IsLeapYear();
```

```
                void PrintDate();
          private:
                int year, month, day;
     };
     //类中成员函数的实现部分
     void Date::SetDate(int y, int m, int d)
     {    year = y;
          month = m;
          day = d;
     }
     int Date::IsLeapYear()
     {    return   ((year % 4 == 0 && year % 100 != 0) || (year % 400 == 0));
     }
     void Date::PrintDate()
     {
          cout << year << "." << month << "." << day << endl;
     }
```

说明: 如果成员函数定义在类体外,则在函数头的前面要加上该函数所属类的标识"::","::"被称为域解析符(也称作用域运算符或作用域限定符),指明当前函数属于哪个类。这是将类中的函数实现放在了类的外部。

如果成员函数的实现放在类的内部,该类的定义还可以如下所示:

```
     class Date
     {    public:
                void SetDate(int y, int m, int d)
                     {year = y; month = m; day = d;}
                int IsLeapYear()
                     {return   ((year%4 == 0 && year%100 != 0) || (year%400 == 0));}
                void PrintDate()
                     {cout << year << "." << month << "." << day << endl;}
          private:
                int year;
                int month;
                int day;
     }
```

2) 带缺省值的成员函数

普通函数可以带有默认参数,类的成员函数同样也可以带默认参数,其调用规则和普通函数相同。

例如,在日期类 Date 中的成员函数 SetDate()可以带默认参数。定义如下:

```
     void Date::SetDate(int y = 2019,int m = 8,int d = 16)//给出缺省值
```

```
{       year=y;
        month=m;
        day=d;
}
```

这样，在调用 SetDate()这个函数时，如果没有给出实参，则将日期设置为 2019 年 8 月 16 日。

3) 内联成员函数

可将调用次数频繁而且代码简单的成员函数设置成内联(inline)函数。在类体中定义的成员函数默认为内联函数。如果函数定义在类体外部，又希望它是内联函数，那么可以在声明函数时加上 inline 关键字，采用内联成员函数的显式声明，如下所示：

```
class Date
{
public:
        inline void SetDate(int y, int m, int d);
        int IsLeapYear();
        void PrintDate();
private:
        int year, month, day;
};
inline void Date::SetDate(int y, int m, int d)
{       year = y;
        month = m;
        day = d;
}
int Date::IsLeapYear()
{
        return    ((year % 4 == 0 && year % 100 != 0) || (year % 400 == 0));
}
void Date::PrintDate();
{
        cout << year << "." << month << "." << day << endl;
}
```

说明：SetDate()为内联函数。在类体内部定义的函数也可以加 inline 关键字，但这是多余的，因为类体内部定义的函数默认就是内联函数。

5.1.4　对象

1. 对象的定义

对象是将描述其属性的数据以及对这些数据施加的一组操作封装在一起的统一体。类是对象的抽象，对象是类的实例，正如变量是数据类型的实例一样。

类是一种数据类型，定义时系统并不为类分配存储空间。类只是一个样板，以此样板可以在内存中生成多个同样结构的实例，即对象，系统为对象分配内存空间。

前面完成了对日期类的定义，现在要对该类进行实例化，即创建对象。类是抽象的，不占用内存；而对象是具体的，占用存储空间。

下面是声明一个类对象的格式。

类名 对象名;

示例：

Date date1;

这声明了一个日期类 Date 的对象 date1。

也可以在定义好类之后直接在类体后定义属于该类的对象名。

例如：

```
class Date
{
    public:
        void SetDate(int y, int m, int d);
        int IsLeapYear();
        void PrintDate();
    private:
        int year, month, day;
} date1;
```

2. 对象的使用

在程序中经常需要访问对象中的成员。访问对象中的成员可以有三种方法：

· 通过对象名和成员运算符 "." 访问对象中的成员；
· 通过指向对象的指针 "->" 访问对象中的成员；
· 通过对象的引用变量访问对象中的成员。

1) 通过对象名和成员运算符访问对象中的成员函数和数据成员

访问对象中成员函数的一般形式为：

对象名.成员函数名(参数列表)

当然，也可以直接调用数据成员：

对象名.数据成员名

其中 "." 称为成员运算符，简称点运算符。

例如，在程序中可以写出以下语句：

stud1.num = 1001;   //假设 num 已定义为公有的整型数据成员

上述语句表示将整数 1001 赋给对象 stud1 中的数据成员 num。其中 "." 是成员运算符，用来对成员进行限定，指明所访问的是哪一个对象中的成员。注意：不能只写成员名而忽略对象名。

不仅可以在类外引用对象的公有数据成员，而且还可以调用对象的公有成员函数，但同样必须指出对象名，如：

```
stud1.display();           //正确，调用对象 stud1 的公有成员函数
display();                 //错误，没有指明是哪一个对象的 display 函数
```

由于没有指明对象名，编译时把 display 作为普通函数处理。

应该注意所访问的成员是公有的(public)还是私有的(private)，类外只能访问类的 public 成员，而不能访问类的 private 成员。如果已定义 num 为私有数据成员，下面的语句是错误的：

```
stud1.num = 1010;          //num 是私有数据成员，不能被外界访问。
```

在一个类中应当至少有一个公有的成员函数作为对外的接口，否则无法对对象进行操作。

2) 通过指向对象的指针访问对象中的成员

访问对象中成员的一般形式为：

对象名 -> 成员名

示例：

```
class Time
{
public:
        int hour;
        int minute;
};
Time t, *p;                //定义对象 t 和指针变量 p
p = &t;                    //使 p 指向对象 t
cout << p -> hour;         //输出 p 指向的对象中的成员 hour
```

在 p 指向 t 的前提下，p -> hour、(*p).hour 和 t.hour 三者等价。

3) 通过对象的引用变量访问对象中的成员

访问对象中成员的一般形式为：

对象名.成员名

如果为一个对象定义了一个引用变量，它们共占同一段存储单元。实际上它们是同一个对象，只是用不同的名字表示而已。因此完全可以通过引用变量来访问对象中的成员。

如果已声明了 Time 类，并有以下定义语句：

```
Time t1;                   //定义对象 t1
Time &t2 = t1;             //定义 Time 类引用变量 t2，并使之初始化为 t1
cout << t2.hour;           //输出对象 t1 中的成员 hour
```

由于 t2 与 t1 共占同一段存储单元(即 t2 是 t1 的别名)，因此 t2.hour 就是 t1.hour。

【例 5-1】 日期类的定义和使用。

```
#include <iostream>
using namespace std;
class Date
```

```cpp
{
private:
    int year, month, day;
public:
    void setDate(int y = 2000, int m = 1,int d = 1);
    void setYear(int y){year = y;}
    void setMonth(int m){month = m;}
    void setDay(int d){day = d;}
    int getYear(){return year;}
    int getMonth(){return month;}
    int getDate(){return day;}
    void showDate();
};
void Date::setDate(int y, int m, int d)
{   year = y;
    month = m;
    day = d;
}
void Date::showDate()
{   cout << year << ".";
    if(month < 10) cout << '0';
    cout << month << '.';
    if(day < 10) cout << '0';
    cout << day << endl;
}
int main()
{   Date today, NationalDay, NewCentury;
    int year, month, day;
    cout << "请输入今天的日期: ";
    cin >> year >> month >> day;
    today.setDate(year, month, day);
    NationalDay.setYear(2019);
    NationalDay.setMonth(10);
    NationalDay.setDay(1);
    NewCentury.setDate();
    cout << "今天是: ";
    today.showDate();
    cout << "新世纪是: ";
    NewCentury.showDate();
```

```
        cout << "国庆节是：";
        NationalDay.showDate();
        return 0;
    }
```

程序运行结果：

> 请输入今天的日期：2019 01 09
>
> 今天是：2019.01.09
>
> 新世纪是：2000.01.01
>
> 国庆节是：2019.10.01

3．类成员的访问控制

类成员的访问控制属性有三种，即公有类型、私有类型和保护类型。

（1）公有类型声明的成员不但可以被类中的成员函数访问，还可以在类的外部通过类的对象进行访问。

（2）私有类型声明的成员只能被类中的成员函数访问，不能在类的外部通过类的对象进行访问。

（3）保护类型声明的成员除了类本身的成员函数可以访问外，该类的派生类的成员也可以访问，但不能在类的外部通过类的成员进行访问。

类成员对类对象的可见性和类成员对类对象的成员函数的可见性是不同的。类的成员函数可以访问类的所有类成员，而类对象对类成员的访问受到类成员的访问属性制约。

例如：

```cpp
class Test {
public:
    int a;
    //类方法可以访问所有数据成员
    void f1() {
        cout << a << endl;
    }
    void f2() {
        cout << b << endl;
    }
    void f3() {
        cout << c << endl;
    }
protected:
    int b;
private:
    int c;
}
```

在类的外部不能通过类的对象直接访问类的私有成员和保护成员，需要通过公有成员函数来间接访问。

例如，类成员的访问如下：

```
class Test {
public:
    int a;
protected:
    int b;
private:
    int c;
}
int main()
{
    Test t;
    t.a;    //合法
    t.b;    //非法
    t.c;    //非法
}
```

公有成员是类的外部接口，而私有成员和保护成员是类的内部数据和内部实现，不希望外界访问。由于类成员访问属性的不同，从而实现了信息的封装和数据的保护。

5.2　构造函数和析构函数

类和对象的关系类似于基本数据类型和它的变量之间的关系。每个对象区别于其他对象表现在对象自身的属性值，即数据成员的值不同。就像定义基本数据类型变量同时可以进行初始化一样，在定义对象的时候，也可以同时对它的数据成员的值进行设置，被称为对象的初始化。在对象使用结束时，还经常需要进行一些清理工作。C++程序中的初始化和清理工作分别由两个特殊的成员函数来完成，它们就是构造函数和析构函数。

5.2.1　构造函数

构造函数是实现数据成员初始化的特殊的类成员函数。构造函数与类同名，没有函数返回值类型，也没有返回值。构造函数在创建对象时被自动调用。每创建一个对象都必须调用一次构造函数，每调用一次构造函数必定创建一个对象。

1. 构造函数

创建一个对象时，通常需要做某些初始化的工作，例如对数据成员赋初值。需要注意的是，类的数据成员是不能在声明类时初始化的。如果一个类中所有的成员都是公有的，则可以在定义对象时通过对象访问对数据成员进行初始化。这种情况同结构体变量的初始化相类似，在一个花括号内顺序列出各公有数据成员的值。但是，如果数据成员是私有的，或者类中有 protected 的成员，就不能用这种方法初始化。

下面是构造函数的定义。

(1) 类中定义格式：

> 类名(形参列表)
>
> {……}　　　　　　　　　//函数体，对数据成员赋值

(2) 类中声明，类外定义：

> //类中声明
>
> 类名(形参列表);
>
> //类外定义
>
> 类名::类名(形参列表)
>
> {……}　　　　　　　　　//函数体

下面定义一个 Point 类，该类使用成员函数来对对象中的数据成员赋初值，从中可以看到，用户在主函数中调用 set Point 函数来为数据成员赋值。

【例 5-2】 定义一个 Point 类。

```cpp
#include <iostream>
#include <algorithm>
using namespace std;
class Point
{
private:
    int x;
    int y;
public:
    void setPoint(int xx, int yy)
    {
        x=xx;
        y=yy;
    }
    int getX()
    {
        return x;
    }
    int getY()
    {
        return y;
    }
};

int main()
```

```
    {
        Point p1;
        p1.setPoint(1, 2);
        cout << "x:" << p1.getX() << "\ty:" << p1.getY() << endl;
        return 0;
    }
```

程序运行结果：

```
    x:1    y:2
```

C++提供了构造函数来处理对象的初始化。构造函数是一种特殊的成员函数，与其他成员函数不同，不需要用户来调用它，而是在建立对象时自动执行。

构造函数的名字必须与类名同名，而不能由用户任意命名，以便编译系统能识别它并把它作为构造函数处理。它不具有任何类型，不返回任何值。构造函数的功能是由用户定义的，用户根据初始化的要求设计函数体和函数参数。

下面对前面的 Point 类加一个构造函数：

```
    Point::Point(int xx = 10, int yy = 20)      //注意这里的函数采用默认参数值
    {
        x = xx;
        y = yy;
    }
```

定义的构造函数 Point()和所在的类同名。在建立对象时自动执行构造函数，它的作用是对当前被创建对象中的数据成员赋初值。不要误认为是在声明类时直接对数据成员赋初值(那是不允许的)。赋值语句是写在构造函数函数体中的，只有在调用构造函数时才执行这些赋值语句，对当前对象中的数据成员赋值。因此在主函数里需要这样声明：

```
    Point p2(2,3);
```

有关构造函数的使用，有以下说明：

(1) 在类对象进入其作用域时调用构造函数。

(2) 构造函数没有返回值，因此也不需要在定义构造函数时声明返回类型，这是它与一般成员函数的一个重要不同点。

(3) 构造函数无需用户手动调用，而是由系统自动完成。

(4) 在构造函数的函数体中不仅可以对数据成员赋初值，而且可以包含其他语句。但是一般不提倡在构造函数中加入与初始化无关的内容，以保持程序简洁明了。

(5) 如果用户没有定义构造函数，C++系统则会自动生成一个默认构造函数，只是这个构造函数的函数体是空的，也没有参数。

构造函数用于初始化创建对象。建立对象时，必须提供与构造函数形参一致的实参，其基本格式有如下两种形式：

```
    类名 对象名(实参);
    类名 对象名;
```

【**例 5-3**】 定义类 Point，声明对象并初始化。

```
    #include <iostream>
```

```cpp
using namespace std;
class Point
{    private:
        float x,y;
public:
        Point(float a,float b);

        Point(float a)
        {
            x=y=a;
        }

        void print()
        {
            cout << '(' << x << ',' << y << ")\n" ;
        }
};
Point::Point(float a, float b)
{    x=a;
        y=b;
}

int main()
{    Point p1(5), p2(10,15);
        p1.print();
        p2.print();
        return 0;
}
```

程序运行结果：

```
(5,5)
(10,15)
```

2．默认构造函数

调用时无需提供参数的构造函数称为默认构造函数。如果类中没有写构造函数，则编译器会自动生成一个隐含的默认构造函数，该构造函数的参数列表和函数体皆为空；如果类中声明了构造函数(无论是否有参数)，则编译器便不会再为之生成隐含的构造函数。在前面的 Point 类例子中，如果没有定义与类 Point 同名的成员函数——构造函数，则编译系统会在编译时自动生成一个默认形式的构造函数，如下所示：

```cpp
class Point {
```

```
    public:
        Point ( ) { }    //编译系统生成的隐含默认构造函数
    ...
};
```

建立对象时自动调用构造函数是 C++程序必然的行为。

如果在类中定义了构造函数，编译系统就不会再为其生成隐含的构造函数。如果需要用到无参构造函数，则必须在类中显示定义，否则系统会产生编译错误。

【例 5-4】 默认构造函数的使用。

```cpp
#include <iostream>
using namespace std;

class Point
{   float x,y;

    public:
        Point()              //定义无参数的构造函数
        {     x = 0;
              y = 0;
        }
        Point(float a,float b)
        {
              x = a;
              y = b;
        }
        void print()
        {
              cout << '(' << x << ',' << y << ")\n";
        }
};

int main()
{    Point p1, p2(1, 2);              // p1 调用无参数的构造函数，p2 调用有参数的构造函数
     p1.print();
     p2.print();
     return 0;
}
```

程序运行结果：

```
    (0,0)
    (1,2)
```

3．带默认参数的构造函数

类的成员函数，也可以像其他普通函数一样有默认参数。在构造函数的声明或者定义中可以指定默认参数。

【例 5-5】 带默认参数的构造函数的使用。

```cpp
#include <iostream>
using namespace std;
class Point
{   private:
        float x,y;

    public:
        Point(float a = 1, float b = 1)
        {
                x=a;
                y=b;
        }

        void print()
        {
                cout << '(' << x << ',' << y << ")\n";
        }
};
int main()
{
    Point p1;
    Point p2(1,2);
    cout<<"the p1 point is:";
    p1.print();
    cout<<"the p2 point is:";
    p2.print();
    return 0;
}
```

程序运行结果：

```
the p1 point is: (1,1)
the p2 point is: (1,2)
```

4．重载构造函数

构造函数可以像普通函数一样进行重载。创建对象时，会根据参数的类型、个数和顺序不同，调用相应的构造函数。创建对象时只能适配一个构造函数。

【例 5-6】 构造函数重载的定义方法与使用。

```cpp
#include <iostream>
using namespace std;

class Date
{
    public:
        Date();
        Date(int y, int m, int d);
        void print();
    private:
        int year, month, day;
};
Date::Date()
{   year = 2019;
    month = 1;
    day = 1;
}

Date::Date(int y, int m, int d)
{   year=y;
    month=m;
    day=d;
}
void Date::print()
{
    cout << year << '-' << month << '-' << day << endl;
}

int main()
{   Date date1;
    Date date2(2019, 6, 6);
    date1.print();
    date2.print();
    return 0;
}
```

程序运行结果：

```
2019-1-1
2019-6-6
```

5. 复制构造函数

复制构造函数也叫拷贝构造函数，它由编译器调用来完成一些基于同一类的其他对象的构建及初始化。其唯一的形参必须是引用，此函数经常用在函数调用时用户定义类型的值传递及返回。如果在类中没有显式地声明一个拷贝构造函数，系统会提供默认复制构造函数，新建立的对象与原对象具有完全相同的属性。

在之前的 Point 类中，可以如下定义复制构造函数。

```
Point (Point &p)
{      x = p.x;
       y = p.y;
}
```

之后，在主函数里使用该构造函数：

```
Point p1(1,2);
cout << "x:" << p1.getX() << " y:" << p1.getY() << endl;
Point p2(p1);
cout << "x:" << p2.getX() << " y:" << p2.getY() << endl;
```

得到的运行结果是：

```
x:1 y:2
x:1 y:2
```

由此可以看出 p1 的属性复制给了 p2。调用复制构造函数，有以下三种情况：

(1) 一个对象给另外一个对象进行初始化。例如：

```
Point p1(1,2) ,p2;
p2=p1;
```

(2) 一个对象作为函数参数。例如：

```
void showPoint(Point p)
{
      cout << "x:" << p.getX() << " y:" << p.getY() << endl;
}
```

在调用这个函数时，会调用复制构造函数。

(3) 一个对象作为函数返回值，以值传递的方式从函数返回。例如：

```
Point setP()
{      Point p(1, 2);
       return p;
}
```

在主函数里调用该函数，会调用复制构造函数。这是因为 p 是该函数的局部对象，在返回 p 对象时，编译器会创造一个临时局部对象拷贝。

当某对象是按值传递时(无论是作为函数参数，还是作为函数返回值)，编译器都会先建立一个此对象的临时拷贝，而在建立该临时拷贝时就会调用类的拷贝构造函数。

拷贝构造函数实现用一个已建立的对象初始化同类型的对象。其调用格式为：

```
    类名 新对象名(已建立对象名);
```

或

```
    类名 新对象名 = 已建立对象名;
```

【例 5-7】　用拷贝构造函数初始化对象。

```cpp
#include <iostream>
using namespace std;

class Ex
{
private:
    int x, y;
public:
    Ex(int a, int b)
    {    x = a;
         y = b;
         cout<<"x="<<x<<", y="<<y<<", 普通构造.\n";
     }
    Ex(Ex &t)                          //拷贝功能的构造函数
    {
       x = t.x;
       y = t.y;
       cout << "x=" << x << ", y=" << y << ", 拷贝构造.\n";
    }
};
 int main()
{
    Ex e1(5,10);
    Ex e2(e1);
    Ex e3 = e2;
    return 0;
}
```

程序运行结果：

```
    x=5, y=10, 普通构造.
    x=5, y=10, 拷贝构造.
    x=5, y=10, 拷贝构造.
```

与普通构造函数相似，若用户不定义拷贝功能构造函数，系统自动产生一个缺省的拷贝构造函数，它把已建立对象各数据成员的值依次赋给新对象。其定义如下：

```
    类名::类名(类名 &对象名)
    {
        *this=对象名;
    }
```

用户通常可以直接使用缺省的拷贝构造函数，但在以下情况必须重新定义：

(1) 新建对象与已建立对象的数据有差异。

(2) 数据成员中有指针，并使用了动态内存。

5.2.2　析构函数

析构函数也是特殊的类成员函数，它没有返回值类型，没有参数，也不可以重载，只有在类对象的生命期结束的时候，才由系统自动调用。

析构函数与构造函数相反，当对象脱离其作用域时(例如对象所在的函数已调用完毕)，系统自动执行析构函数。析构函数往往用来做"清理善后"的工作(例如在建立对象时用 new 开辟了一片内存空间，应在退出前在析构函数中用 delete 释放)。

下面介绍其定义格式。

(1) 类中定义：

```
~类名() {…}          //函数体
```

(2) 类中声明，类外定义：

```
~类名();             //类中声明
类名::~类名()        //类外定义
{…}                  //函数体
```

析构函数是不用传入参数的，也没有返回值，函数名称是类名，并且只需要在名称前加一个"~"就可以了。例如，在之前的 Point 类里，可以按如下方式定义一个析构函数：

```
~Point()
{
        cout << "这个函数被用过了" << endl;
}
```

在程序运行的最后会输出上述语句。也由此看出，析构函数不需要自己去调用，程序会在对象生命结束时自动调用；有多个对象时，也会调用多次析构函数。

使用时注意：

(1) 析构函数的名称由符号"~"和类名组成。

(2) 析构函数无函数类型，无参数，且无返回值。

(3) 析构函数不可以重载，每个类只有一个析构函数。

(4) 类中若没有定义析构函数，会由系统自动产生一个如下的缺省析构函数：

```
类名:: ~ 类名() {…}
```

(5) 当类中用 new 运算符分配了动态空间时，必须定义析构函数，并在函数体中用 delete 运算符释放动态空间。

5.3　对象数组和对象指针

5.3.1　对象数组

对象数组是一个数组，其中的每一个元素都是一个对象。如果一个类有若干个相关联的对象形成一组数组，存放在一起就构成了对象数组。可以用以下的格式定义对象数组：

类名 数组名[常量表达式];

例如：

Point point[10];

与访问基本数据类型的数组一样，在使用对象数组时能访问数组中的某个元素，即其中的一个对象。通过这个对象元素访问对象中的成员，一般格式如下：

数组名[下标].成员名

【例 5-8】 对象数组。

```cpp
#include <iostream>
using namespace std;

class Location
{ private:
      int x,y;
  public:
      Location();
      Location(int xx,int yy);
      ~Location();
      void Move(int m,int n);
      int GetX(){return x;}
      int GetY(){return y;}
};

Location::Location()
{
      x=y=0;
      cout << "Default Constructor called." << endl;
}

Location::Location(int xx,int yy):x(xx),y(yy)
{
      cout << "Constructor called." << endl;
}

Location::~Location()
{
      cout << "Destructor called." << endl;
}
```

```cpp
void Location::Move(int m,int n)
{
    x = m;
    y = n;
}

int main()
{
    Location A[2];
    for(int i = 0; i < 2; i++)
        cout << A[i].GetX() << "," << A[i].GetY() << endl;
    Location B[2] = {Location(1,2), Location(3,4)};
    for (int i = 0; i < 2; i++)
        cout << B[i].GetX() << "," << B[i].GetY() << endl;
    for(int i = 0; i < 2; i++)
        A[i].Move(i + 10, i + 20);
    for(int i = 0; i < 2; i++)
        cout << A[i].GetX() << "," << A[i].GetY() << endl;
    return 0;
}
```

程序运行结果：

```
Default Constructor called.
Default Constructor called.
0,0
0,0
Constructor called.
Constructor called.
1,2
3,4
10,
20
11,21
Destructor called.
Destructor called.
Destructor called.
Destructor called.
```

对象数组的初始化：

当程序创建未被显示初始化的类对象时，总是调用默认构造函数。当各个元素对象的初值要求为不同的值时，要求定义带形参的构造函数。定义对象数组时，可通过初始化表进行赋值。

```
Point point[3] = {
    Point(1, 2),
    Point(2, 1),
    Point(2, 2)
};
```

【例5-9】 对象数组的初始化。

```
#include <iostream>
using namespace std;

class Box
{
public :
//声明有默认参数的构造函数,用参数初始化表对数据成员显式初始化
    Box(int h=10, int w=12, int len = 15):height(h),width(w), length(len) { }
    int volume();
private :
    int height;
    int width;
    int length;
};

int Box::volume()
{
    return (height*width*length);
}

int main( )
{
    Box a[3]={            //定义对象数组
    Box(10, 12, 15),      //调用构造函数 Box，提供第 1 个数组元素的实参
    Box(15, 18, 20),      //调用构造函数 Box，提供第 2 个数组元素的实参
    Box(16, 20, 26)       //调用构造函数 Box，提供第 3 个数组元素的实参
    };
    cout << "volume of a[0] is " << a[0].volume( ) << endl;
    cout << "volume of a[1] is " << a[1].volume( ) << endl;
    cout << "volume of a[2] is " << a[2].volume( ) <<   endl;
    return 0;
}
```

程序运行结果：

> volume of a[0] is 1800
>
> volume of a[1] is 5400
>
> volume of a[2] is 8320

5.3.2　对象与指针

1．指向对象的指针

在建立对象时，编译系统会为每一个对象分配一定的存储空间以存放其对象的成员。对象空间的起始地址就是对象的指针。可以定义一个指针变量用来存放对象的地址。对象指针就是指向类对象的指针变量。因此，在访问对象的时候，既可以通过对象名进行访问，也可以通过对象指针来访问。

下面是声明对象指针的一般语法形式：

> 类名　*对象指针名;

Time 类定义如下：

```
class Time
{
public :
    int hour;
    int minute;
    int sec;
    void get_time( );
};
void Time::get_time( )
{
    cout << hour< < ":" << minute << ":" << sec << endl;
}
```

下面定义所表示的含义如其后注释所示。

Time *pt;	//定义 pt 为指向 Time 类对象的指针变量
Time t1;	//定义 t1 为 Time 类对象
pt=&t1;	//将 t1 的起始地址赋给 pt
*pt	// pt 所指向的对象，即 t1
(*pt).hour	// pt 所指向的对象中的 hour 成员，即 t1.hour
pt->hour	// pt 所指向的对象中的 hour 成员，即 t1.hour
(*pt).get_time ()	//调用 pt 所指向的对象中的 get_time 函数，即 t1.get_time
pt->gct_timc ()	//调用 pt 所指向的对象中的 get_time 函数，即 t1.get_time

【例 5-10】　对象指针的使用。

```
#include <iostream>
using namespace std;
```

```cpp
class Box
{
public:

        Box(int h=10, int w=12, int len = 15):height(h),width(w), length(len) { }
        int volume( );
private:
        int height;
        int width;
        int length;
};

        int Box::volume( )
        {
            return (height*width*length);
        }

        int main( )
        {
            Box    b1(10,12,15);              //定义并初始化对象 b1
            Box    *p1=&b1;                   //定义对象指针，用 b1 的地址将其初始化
            cout<<p1->volume()<<endl;         //利用指针访问对象成员
            cout<<b1.volume()<<endl;          //利用对象名访问对象成员
            return 0;
        }
```

对象指针在使用前要进行初始化，让它指向一个已经声明过的对象，然后才能使用。
程序运行结果：

```
1800
1800
```

2．指向类对象成员的指针

对象有地址，存放对象初始地址的指针变量就是指向对象的指针变量。类对象中的成员也有地址，存放类对象成员地址的指针变量就是指向类对象成员的指针变量。

1）指向对象数据成员的指针

声明指向对象数据成员的指针变量的方法和定义指向普通变量的指针变量方法相同。
指向数据成员的指针格式如下：

    类型说明符 类名::*数据成员指针名;

对数据成员指针赋值的一般格式如下：

    数据成员指针名 =&类名::数据成员名;

由于类是通过对象而实例化的，只有在定义了对象时才能为具体的对象分配内存空间。这时用数据成员指针访问数据成员可以通过以下两种格式实现：

对象名.* 数据成员指针名

或

对象指针名 -> * 数据成员指针名

例如：

int *p1;　　　　　　　//定义指向整型数据的指针变量

如果 Time 类的数据成员 hour 为公用的整型数据，则可以在类外通过指向对象数据成员的指针变量访问对象数据成员 hour：

p1 = &t1.hour;　　　　//将对象 t1 的数据成员 hour 的地址赋给 p1

cout << *p1 << endl;　　//输出 t1.hour 的值

2) 指向对象成员函数的指针

定义指向对象成员函数的指针变量的方法和定义指向普通函数的指针变量方法有所不同。这里重温下指向普通函数的指针变量的方法。

例如：

void (*p)( );　　　　//p 是指向 void 型函数的指针变量

可以使它指向一个函数 fun，并通过指针变量调用函数：

p = fun;　　　　//fun 函数的入口地址传给指针变童 p，p 就指向了函数 fun

(*p)( );　　　　//调用 fun 函数

而定义一个指向对象成员函数的指针变量则比较复杂一些。如果模仿上面的方法将对象成员函数名 get_time 赋给指针变量 p：

p = t1.get_time;

则会出现编译错误。因为成员函数与普通函数有一个最根本的区别：成员函数是类中的一个成员。编译系统要求在上面的赋值语句中，指针变量的类型必须与赋值号右侧函数的类型相匹配，要求在以下三方面都要匹配：

(1) 函数参数的类型和参数个数；

(2) 函数返回值的类型；

(3) 所属的类。

以上三点中第(1)、(2)两点是匹配的，而第(3)点不匹配。指针变量 p 与类无关，而 get_time 函数属于 Time 类。因此，要区别普通函数和成员函数的不同性质，不能在类外直接用成员函数名作为函数入口地址去赋值给指针变量。

那么，应该怎样定义指向成员函数的指针变量呢？应该采用下面的形式：

void (Time::*p2)( );　　//定义 p2 为指向 Time 类中公用成员函数的指针变量

注意：(Time:: *p2)两侧的括号不能省略，因为()的优先级高于*。如果无此括号，就相当于：

void Time::*(p2( ))　　//这是返回值为 void 型指针的函数

因此，定义指向公有成员函数的指针变量的一般形式为：

类型名 (类名::*指针变量名)(参数表列);

可以让它指向一个公有成员函数，只需把公用成员函数的入口地址赋给一个指向公有成员函数的指针变量即可。例如：

　　　　p2 = &Time::get_time;

因此，使指针变量指向一个公有成员函数的一般形式为：

　　　　指针变量名 = &类名::成员函数名;

普通函数函数名就是地址，将地址赋值给指针，就可以用指针调用函数。但对于成员函数，不能用指针直接调用，而是首先要声明类的对象，然后通过下面两种形式利用成员函数指针调用成员函数：

　　　　(对象名.*成员函数指针名)(参数表)

或

　　　　(对象指针名->*成员函数指针名)(参数表)

3．this 指针

当定义了一个类的若干对象后，每个对象都有属于自己的对象成员。所有对象的成员函数的函数体代码合用一份，那么成员函数是如何辨别当前调用自己的是哪一个对象，从而对该对象的数据成员而不是对其他对象的数据成员进行处理呢？C++为成员函数提供了一个名字为 this 的指针来解决这个问题。不同的对象调用一个成员函数时，C++编译器将根据成员函数的 this 指针所指向的对象来确定应该引用哪一个对象的数据成员。例如：当调用对象 date1 的成员时，this 指针就指向 date1；当调用 date2 的成员时，this 指针指向 date2。因此，被存取的必然是指定对象的数据成员。

一个对象的 this 指针并不是对象本身的一部分，不会影响 sizeof(对象)的结果。this 作用域是在类内部，当在类的非静态成员函数中访问类的非静态成员时，编译器会自动将对象本身的地址作为一个隐含参数传递给函数。也就是说，即使没有写 this 指针，编译器在编译的时候会默认加上 this，对各成员的访问均通过 this 进行。

this 指针使用的一种情况是在类的非静态成员函数中返回类对象本身时，直接使用 return *this；另外一种情况是当参数与成员变量名相同时，需要使用 this，如 this -> n = n。

this 指针程序示例：

【例 5-11】 this 指针的使用。

```cpp
#include <iostream>
using namespace std;
class Point{
    private:
        int x, y;
    public:
        Point(int a, int b)
        {   x=a;
            y=b;    }
        void MovePoint(int a, int b)
        {
```

```
                x += a;
                y += b;
            }
            void print()
            {
                cout << "x=" << x << endl;
            }
};

int main()
{
    Point point1(10, 10);
    point1.MovePoint(2, 2);
    point1.print();
    return 0;
}
```

程序运行结果：

```
    x=12
```

当对象 point1 调用 MovePoint(2,2)函数时，即将 point1 对象的地址传递给了 this 指针。

事实上，MovePoint 函数的原型应该是 void MovePoint(Point *this, int a, int b)，它真正的参数是 3 个，第一个参数是指向该类对象的一个指针，是被隐含的，名称为 this。这样 point1 的地址传递给了 this，也就是说当调用

```
    point1.MovePoint(2, 2)
```

时，实际上是用以下的方式调用的：

```
    point1.MovePoint (&point1, 2, 2)
```

这样所有涉及类的数据成员的操作都隐含是对函数第一个参数所指的对象的操作，也就是对*this 的操作。所以，函数 MovePoint ( )的实现相当于：

```
void Point:: MovePoint (int a, int b)
{
    this->x+=a;
    this->y+=b;
}
```

5.3.3　对象引用和参数传递

对象可以作为参数传入到函数体里，以便于在函数体里使用。通常，把对象作为参数传入函数有以下三种方式。

1. 将对象直接作为参数传递

对象也可以像其他类型的数据一样作为参数传递给函数，其方法与传递基本数据类型

的方法相同。实参将自身的值拷贝给形参，形参实际上是实参的副本，这是一种单向传递，形参的变化不会影响实参的值。

【**例 5-12**】 对象作为函数参数：求平面上的点向东向北移动 1 格的新坐标。

```cpp
#include <iostream>
#include <iomanip>
using namespace std;

class Point
{
    private :
        int x, y;
    public:
        Point(int a,int b):x(a),y(b){ }
        void Add(Point p)                    //对象名作为形参
        {
            p.x = p.x+1;
            p.y = p.y+1;
        }
        void Print()
        {
            cout << "x:" << x << ",y:" << y << endl;
        }
};
int main()
{   Point ob(1,2);
    cout << "before add:";
    ob.Print();
    ob.Add(ob);                    //对象名作为实参
    cout << "after add:";
    ob.Print();
    return 0;
}
```

程序运行结果：

```
before add:x:1, y:2
after add:x:1, y:2
```

说明：在 main 函数中，定义对象 ob 时系统自动调用构造函将其初始化为(1，2)；在执行 Add 函数时，由于作为参数的对象是按值传递的，也就是实参 ob 将自己的值对应地赋给形参 p，在 Add 函数中对形参 p 的数据成员 x、y 值进行修改。因为形参 p 是实参 ob 的副本，当 Add 函数运行结束时，对象 p 被析构，回到主程序对实参 ob 没有任何影响。

因此，对象 ob 在执行 Add 函数前后的运行结果没有变化。

2．通过对象指针传递

使用对象指针作为函数参数可以实现地址传递调用，在被调用函数中改变调用函数的参数对象的值，实现函数之间的信息传递。当函数的形参是对象的指针时，调用函数的对应实参应该是某个对象的地址值。

【例 5-13】 使用对象指针作为函数参数——修改例 5-12。

```
#include <iostream>
#include <iomanip>
using namespace std;

class Point
{
private :
    int x, y;
public:
    Point(int a,int b):x(a),y(b){}
    void Add(Point *p)      //对象指针作为函数参数
    {
        p -> x = p -> x+1;
        p -> y = p -> y+1;
    }
    void Print()
    {
        cout << "x:" << x << ",y:" << y << endl;
    }
};

int main()
{
    Point ob(1,2);
    cout << "before add:";
    ob.Print();
    ob.Add(&ob);              //对象地址作为实参
    cout << "after add:";
    ob.Print();
    return 0;
}
```

程序运行结果：

before add:x:1, y:2

after add:x:2, y:3

说明：在 main 函数中，对象 ob 在执行 Add 函数时，由于作为参数的对象 ob 是按地址进行传递的，因此在 Add 函数中对数据成员 x 和 y 值的修改结果通过 *p 传回主程序中。因此，对象 ob 调用 Print 函数的运行结果在执行 Add 函数前后不一样了。

3. 通过对象引用传入

我们知道，一个变量的引用就是变量的别名。实质上，变量名和引用名都指向同一段内存单元。

如果形参为变量的引用名，实参为变量名，则在调用函数进行虚实结合时，并不是为形参另外开辟一个存储空间(常称为建立实参的一个拷贝)，而是把实参变量的地址传给形参(引用名)，这样引用名也指向实参变量。

定义一个对象引用格式如下：

类名&对象名

在实际应用中，使用对象引用作为函数参数非常普遍。因为用对象的引用作为参数不但具有同对象指针作为参数一样的优点，而且用对象引用为函数参数书写上更简单、更直接。

当进行函数调用时，在内存中没有产生实参的副本，直接对实参操作。这种方式是双向传递，形参的变化会直接影响到实参。与指针作为函数参数比较，这种方式更容易使用，更清晰；而且当参数传递的数据较大时，用引用比用一般变量传递参数的效率更高，所占内存空间更小。

【例 5-14】 使用对象引用作为函数参数——修改例 5-12。

```cpp
#include<iostream>
#include<iomanip>
using namespace std;

class Point
{
private :
    int x, y;
public:
    Point(int a, int b):x(a), y(b){ }
    void Add(Point &p)              //对象引用作为函数参数
    {
        p.x = p.x + 1;
        p.y = p.y + 1;
    }
    void Print()
    {
        cout << "x:" << x << ",y:" << y << endl;
```

```
        }
    };

    int main()
    {   Point ob(1,2);
        cout << "before add:";
        ob.Print();
        ob.Add(ob);    //对象作为实参，形参是实参的引用，故两个参数是同一个对象
        cout << "after add:";
        ob.Print();
        return 0;
    }
```

程序运行结果：

```
    before add:x:1, y:2
    after add:x:2, y:3
```

5.4 类 的 组 合

在类中定义的数据成员可以是基本数据类型，也可以是复杂数据类型。如果将一个已有的类的对象作为另一个类的数据成员，这就是类的组合。该内嵌对象称为对象成员，也称为子对象。

例如：

```
    class A
    {
        ...
    };
    class B
    {
        A a;      //类 A 的对象 a 为类 B 的对象成员
        ...
    };
```

在类组合的过程中，需要注意的是对象成员的初始化问题。因为类 B 的成员要初始化还需要初始化对象成员 a。因此，在创建对象时既要对本类的基本数据成员初始化，又要对内嵌对象成员进行初始化。例如，有以下类 A：

```
    class A
    {
        类名 1  对象成员名 1;
        类名 2  对象成员名 2;
```

```
       …
       类名 n 对象成员名 n;
   };
```

一般来说，类 A 的构造函数的定义形式为：

```
   类名 A::类名 A(形参表):内嵌对象 1(形参表), 内嵌对象 2(形参表),……
   {
       …… //初始化普通成员
   }
```

冒号后面的部分是对象成员的初始化列表，各对象成员的初始化列表用逗号分隔，形参表给出了初始化对象成员所需的数据。

当前对象在初始化(构造函数调用)时的顺序如下：

(1) 完成对象成员的初始化，有多个对象成员时，先声明的先初始化；

(2) 完成普通成员的初始化。

先调用对象成员所属类的构造函数，再执行自身类的构造函数体。

对象的撤销(析构函数调用)顺序：与建立顺序相反。

【例 5-15】 含对象成员的类的定义和使用。

```cpp
#include <iostream>
using namespace std;
class A
{
    int a;
public:
    A(int x = 0)
    {
        a = x;
        cout << "A()执行"<<endl;
    }
    ~A()
    {
        cout << a << "~A()执行"<<endl;
    }
};

class B
{
    int b;
public:
    B(int x = 0)
    {    b = x;
```

```
            cout << "B()执行"<<endl;
        }
        ~B()
        {
            cout << b << "～B()执行"<<endl;
        }
    };

    class C
    {
        int c;
        B b1;
        A a1;
        B b2;
    public:
        C(int x, int y, int z):a1(x), b1(y), b2(z)
        {
            c = x + y + z;
            cout << "C()执行"<<endl;
        }
        ~C()
        {
            cout << c << "～C()执行"<<endl;
        }
    };
    int main()
    {
        C c1(1, 2, 3);
        return 0;
    }
```

程序运行结果：

```
    B( )执行
    A( )执行
    B( )执行
    C( )执行
    6～C( )执行
    3～B( )执行
    1～A( )执行
    2～B( )执行
```

类中的成员是另一个类的对象。通过对复杂对象进行分解、抽象，能够将一个复杂对象理解为简单对象的组合。分解得到复杂对象的子对象，这些子对象比它高层的复杂对象更容易理解和实现。然后由这些子对象来装配复杂对象。

例如：

```
class Point
{
private:
    float x,y;                    //点的坐标
public:
    Point(float h,float v);       //构造函数
    float GetX(void);             //取 X 坐标
    float GetY(void);             //取 Y 坐标
};
//...函数的实现
class Distance                    //类声明
{
private:
    point p1,p2;
    double dist;
    public:
    Distance(Point a,Point b);//包含 Point 类
    double GetDis(void){return dist;}
};
//...函数的实现
```

1) 类组合的构造函数声明

原则：不仅要对本类中的基本类型成员数据赋初值，也要对对象成员初始化。

声明形式如下：

类名::类名(对象成员所需的形参，本类成员的形参):
对象 1(参数), 对象 2(参数),……
{本类初始化}

例如：

```
Point(int xx=0,int yy=0){x=xx,y=yy;}
Distance::Distance(Point a,Point b,double p):p1(a),p2(b)
    { //对象成员 Point a、Point b、Point b 由 p1(a)、p2(b)初始化
     double x=double(p1.GetX()-p2.GetX());
     double y=double(p1.GetY()-p2.GetY());
     dist=sqrt(x*x+y*y);
     price=p;                     //本类中的基本类型数据成员赋初值
    }
```

2) 类组合的构造函数调用

构造函数调用的顺序：先调用内嵌对象的构造函数(按内嵌时的声明顺序，先声明者先构造)。然后调用本类的构造函数。

析构函数的调用顺序与构造函数的调用顺序相反。

若创建对象时调用缺省构造函数(即无形参)，则内嵌对象的初始化也将调用相应的缺省构造函数。

【例 5-16】 类组合的构造函数调用。

```cpp
#include <iostream>
#include <cmath>
using namespace std;
class Point
{
private:
    float x,y;
public:
    Point(float xx,float yy)
    {
        cout<<"point 构造函数执行"<<endl;
        this->x=xx;
        this->y=yy;
    }
    Point(Point &p)
    {
        x=p.x;
        y=p.y;
        cout<<"point 拷贝构造函数执行"<<endl;
    }
    float GetX(void)
    {
        return x;
    }
    float GetY(void)
    {
        return y;
    }
};

class Distance
{
```

```
    private:
        Point p1,p2;
        double dist;
    public:
        Distance(Point a,Point b);                    //构造函数
        double GetDis(void){return dist;}
    };

    Distance::Distance(Point a,Point b):p1(a),p2(b)
    {
        double x=double(p1.GetX()-p2.GetX());
        double y=double(p1.GetY()-p2.GetY());
        dist=sqrt(x*x+y*y);
        cout<<"Distance 构造函数执行"<<endl;
    }

    void main()
    {
        Point myp1(1,1),myp2(4,5);
        Distance myd(myp1,myp2);
        cout<<"the distance is: ";
        cout<<myd.GetDis()<<endl;
    }
```

程序运行结果：

```
    point 构造函数执行
    point 构造函数执行
    point 拷贝构造函数执行
    point 拷贝构造函数执行
    point 拷贝构造函数执行
    point 拷贝构造函数执行
    Distance 构造函数执行
    the distance is:5
```

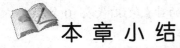 **本 章 小 结**

　　本章介绍了类和对象的概念、定义和使用，是面向对象程序设计的基础。类是对象的抽象，对象是类的实例。类具有封装性、继承性和多态性。类封装了数据成员和成员函数。

成员具有公有、私有和受保护三种访问属性。成员函数中的构造函数和析构函数分别用于进行初始化和撤销对象所占空间的操作。类对象可以作为函数参数进行传递，同时也可以通过定义指向该对象的指针进行访问。

习题

1. 设计一个 Date 类，该类采用 3 个整数存储日期：month、day 和 year。其函数成员具有按如下方式输出日期的功能：

(1) 12-25-11；

(2) December 25，2011；

(3) 25 December 2011。

编写一个完整的程序，检验此类。注意：对于日期 day 成员，不能接受大于 31 或小于 1 的值；对于月 month 成员，不能接受大于 12 小于 1 的值。

2. 在人口统计中，按如下公式计算出生率和死亡率：

$$出生率 = 出生的人数 \div 人数$$

$$死亡率 = 死亡的人数 \div 人数$$

例如，在一个人口为 100 000 的城市，每年有 8000 个新出生婴儿，同时有 6000 个人死亡，那么出生率和死亡率分别为：

$$出生率 = \frac{8000}{100\,000} = 0.08$$

$$死亡率 = \frac{6000}{100\,000} = 0.06$$

设计一个人口类 Population，它能存储某年的人数、出生的人数和死亡人数。其函数成员能返回出生率和死亡率。编写一个完整的程序检验该类的正确性。

输入有效性检验：人数不能小于 1，出生人数和死亡人数不能为负数。

3. 设计一个类，它具有一个 float 指针成员。构造函数具有一个整型参数 count，它为指针成员分配 count 个存储数据的元素空间。析构函数释放指针指向的空间。另外，设计两个函数成员完成如下功能：

(1) 向指针指向的空间中存储数据。

(2) 返回这些数的平均值。

编写一个完整的程序检验该类的正确性。

4. 设计一个计算薪水的类 Payroll，它的数据成员包括：单位小时的工资、已经工作的小时数、本周应付工资数。在主函数定义一个具有 10 个元素的对象数组(代表 10 个雇员)。程序询问每个雇员本周已经工作的小时数，然后显示应得的工资。

输入有效性检验：每个雇员每周工作的小时数不能超过 60，同时也不能为负数。

5. 设计一个商品小商铺类 InvoiceItem 类，需要完成如下功能：

(1) 询问客户购买的商品名称和数量。

(2) 从 InvoiceItem 对象获得每个商品的成本价。

(3) 在成本价的基础上假设 30%的利润，得到每个商品的单价。

(4) 将商品单价与购买商品的数量相乘，得到商品价格小计。

(5) 将商品价格小计乘以 6%，得到商品的销售税。

(6) 将商品价格小计与商品销售税相加得到该商品的销售额。

(7) 显示客户本次交易购买商品的小计、销售税和销售额。

输入有效性检验：购买的商品数量不能为负数。

6. 定义一个商品类 Goods，其中包含商品号(long no)、商品名(char *p_name)、商品价格(double price)三个数据成员，以及相应的构造函数、拷贝构造函数、析构函数、输出数据成员的成员函数。

第 6 章　数据的共享与保护

　　C++是面向对象的程序设计语言，适用于开发比较复杂的程序。数据的共享和保护机制是 C++ 的重要性质。本章中，将对作用域、生存期、静态成员、友元和常类型等内容进行介绍。

6.1　作用域与生存期

　　C++语言中标识符的使用有空间和时间上的限定。作用域可以理解为空间上的限制范围，表示该标识符在什么范围内使用是有效的。生存期可以理解为时间上的限制范围，表示该标识符在内存的存储空间中产生和被清理的时间范围。这样的时空限定有利于提高数据使用的安全性和高效性。

6.1.1　作用域

　　作用域是指一个特定的程序区域，标识符在该区域内是有效的。C++ 语言中根据标识符产生作用的范围可以将作用域分为：函数原型作用域、块作用域、类作用域、命名空间作用域和文件作用域。

1．函数原型作用域

　　函数原型声明中的形参的作用范围就是函数原型作用域。

　　例如，有如下函数原型声明：

```
void fun(int x);
```

　　fun 函数中形参 x 有效的范围就在左、右两个括号之间。在这两个括号外程序的其他地方都无法引用 x。标识符 x 的作用域就是所谓的函数原型作用域。函数原型如果有形参，声明时一定要有形参的类型，形参名比如 x 可以省略，不会对程序有任何影响。一般为了程序可读性变得更好，一般都写上一个比较容易理解的形参名。函数原型作用域是最小的作用域。

2．块作用域(局部作用域)

　　这里说的块(局部)就是一对花括号括起来的一段程序，块(局部)中声明的标识符从标识符声明的地方到最后结束的括号之间都有效。也就是说标识符的作用域就是从标识符声明的地方开始，到最后结束的括号为止。

　　下面举个例子来说明：

```
void fun(int x)                 // x 的作用域开始
```

```
{
    int a = x;          // a 的作用域开始
    …
    if (b>0)            // b 的作用域开始
    {
        int c;          // c 的作用域开始
        …
    }                   // b 和 c 的作用域结束
}                       // a 和 x 的作用域结束
```

这里，在函数 fun 的形参列表中声明了形参 x，在函数体内声明了变量 a，在 if 语句内又声明了变量 b，在 if 里声明了 c。a，b 和 c 都具有块(局部)作用域，只是它们分别属于不同的作用域。

函数形参列表中形参的作用域，从形参列表中的声明处开始，到整个函数体结束之处为止。函数体内声明的变量，其作用域从声明处开始，一直到声明所在的块结束的大括号为止。所谓块，就是一对大括号括起来的一段程序。在这个例子中，函数体是一个块，if 语句之后的分支体又是一个较小的块，二者是包含关系。因此，形参 x 的作用域从 x 的声明处开始，直到 fun 函数的结束处为止。变量 b 的作用域从声明处开始，到它所在的块(即整个函数体)结束处为止，而变量 c 的作用域从声明处开始到它所在的块，即分支体结束位置。具有块(局部)作用域的变量也称为局部变量。

3．类作用域

类可以被看作一组成员的集合。因此，类里的成员也具有作用域。在类的声明中，一对花括号形成的作用域称为类的作用域。在类的作用域中，一个类的任何成员可以访问该类的其他成员，一个类的成员函数可以不受限制地访问该类的成员。但在类的外部访问是受到一定限制的。

访问类的成员的方式有以下几种：

(1) 一般来说对于类里的成员在类里可以直接访问其他成员。

(2) 如果在程序中其他的地方，可以通过类名或者对象名进行访问。

例如，Time 类：

```
class Time
{
private:
    int hour;
    int minite;
public:
    …
    …
};
```

可以这样访问成员：

```
Time time;          //创建一个 Time 对象
time.hour;
```

或者，通过类名访问：

```
Time::hour          //通过类的作用域访问
```

这是程序访问对象成员的基本方法。

(3) 还可以通过指针的方法进行访问，如果 ptr 是指向类 Time 的一个对象指针，则访问其数据成员 hour 的方式为 ptr -> hour。

4．命名空间作用域

使用命名空间的目的是对标识符的名称进行本地化，以避免命名冲突。在 C++ 中，变量、函数和类都是大量存在的。如果没有命名空间，这些变量、函数、类的名称将都存在于全局命名空间中，会导致很多冲突。比如，如果我们在自己的程序中定义了一个函数 toupper()，这将重写标准库中的 toupper()函数，这是因为这两个函数都是位于全局命名空间中的。命名冲突还会发生在一个程序中使用两个或者更多的第三方库的情况中。这种冲突会经常发生在类的名称上。比如，我们在自己的程序中定义了一个 Stack 类，而我们程序中使用的某个库中也可能定义了一个同名的类，此时名称就冲突了。还有可能其中一个库中的名称和另外一个库中的名称是相同的，导致名称冲突。

namespace 关键字的出现就是针对此类问题的。由于这种机制对声明于其中的名称都进行了本地化，就使得相同的名称可以在不同的上下文中使用，而不会引起名称的冲突。命名空间最大的受益者就是 C++ 中的标准库。在命名空间出现之前，整个 C++ 库都是定义在全局命名空间中的。引入命名空间后，C++ 库就被定义到自己的名称空间中了，称为 std。这样就减少了名称冲突的可能性，也可以在自己的程序中创建自己的命名空间，这样可以对可能导致冲突的名称进行本地化。这点在创建类或者函数库时是特别重要的。

namespace 关键字使得可以通过创建作用范围来对全局命名空间进行分隔。本质上来讲，一个命名空间就定义了一个范围。

定义命名空间的一般形式如下：

```
namespace 名称
{
    //声明
}
```

在命名空间中定义的任何东西都局限于该命名空间内。

下面是一个命名空间的例子：

```
namespace CounterNameSpace
{
    int upperbound;
    int lowerbound;

    class counter
    {
```

```
        private:
            int count;
        public:
            counter(int n)
            {
                if (n <= upperbound )
                {
                    count = n;
                }
                else
                {
                    count = upperbound;
                }
            }
            void reset(int n)
            {
                if ( n < upperbound )
                {
                    count = n;
                }
            }
            int run()
            {
                if ( count > lowerbound){
                    return count--;
                }
                else
                {
                    return lowerbound;
                }
            }
        };
    }
```

因为命名空间定义了一个范围，所以在命名空间之外就需要使用范围解析运算符来引用命名空间中的对象。例如，在命名空间 CounterNameSpace 定义的范围之外给 upperbound 赋值为 10，就必须这样写：

```
        CounterNameSpace::upperbound = 10;
```

或者在 CounterNameSpace 定义的范围之外想要声明一个 counter 类的对象就必须这样写：

```
        CounterNameSpace::counter  对象名;
```

一般来讲，在命名空间之外想要访问命名空间内部的成员需要在成员前面加上命名空间和范围解析运算符，一般格式为：

> 名称空间::内部成员名

相同的空间名称是可以被多次声明的，这种声明是相互补充的。使得命名空间可以被分割到几个文件中甚至是同一个文件中的不同地方。

如果在程序中需要多次引用某个命名空间的成员，那么按照之前的说法，每次都要使用范围解析符来指定该命名空间，这是一件很麻烦的事情。为了解决这个问题，引入了 using 关键字。using 语句通常有两种使用方式：

> using namespace 命名空间名称;
> using 命名空间名称::成员;

例如：仅仅使用 cout 和 endl 时，可以将"using namespace std;"改为"using std::cout;"与"using std::endl;"。

第一种形式中的命名空间名称就是我们要访问的命名空间，该命名空间中的所有成员都会被引入到当前范围中。也就是说，它们都变成当前命名空间的一部分，使用的时候不再需要使用范围限定符了。第二种形式只是让指定的命名空间中的指定成员在当前范围中变为可见。我们用前面的 CounterNameSpace 来举例，下面的 using 语句和赋值语句都是有效的。

> using CounterNameSpace::lowerbound;　//只有 lowerbound 当前是可见的
>
> lowerbound = 10;　　　　　　　　　　//这样写是合法的，因为 lowerbound 成员当前是可见的
>
> using CounterNameSpace;　　　　　　//所有 CounterNameSpace 空间的成员当前都是可见的
>
> upperbound = 100;　　　//这样写也是合法的，因为所有的 CounterNameSpace 成员目前都是可见的

可以使用这种没有名称的命名空间创建只有在声明它的文件中才可见的标识符。也就是说，只有在声明这个命名空间的文件中，它的成员才是可见的，它的成员才是可以被直接使用的，不需要命名空间名称来修饰。对于其它文件，该命名空间是不可见的。

标准 C++ 把自己的整个库定义在 std 命名空间中，这就是本书中的大部分程序都有下面代码的原因。

> using namespace std;

按上述这样写是为了把 std 命名空间的成员都引入到当前的命名空间中，以便可以直接使用其中的函数和类，而不用每次都写上"std::"。

当然，可以显式地在每次使用其中成员的时候都指定"std::"。例如，可以显式地采用如下语句指定 cout：

> std::cout <<"显示使用 std::来指定 cout";

如果程序中只是少量地使用了 std 命名空间中的成员，或者是引入 std 命名空间可能导致命名空间的冲突的话，就没有必要使用"using namespace std;"了。然而，如果在程序中要多次使用 std 命名空间的成员，则采用"using namespace std;"的方式把 std 命名空间的成员都引入到当前命名空间中会显得方便很多。

1) 命名空间的定义

命名空间实际上就是一个由程序设计者命名的内存区域，程序设计者可以根据需要指定一些有名字的空间域，把一些全局实体分别放在各个命名空间中，从而与其它全局实体

分隔开来。如：

```
namespace ns1                    //指定命名中间 nsl
{
    int a;
    double b;
}
```

　　namespace 是定义命名空间所必须写的关键字，nsl 是用户自己指定的命名空间的名字(可以用任意的合法标识符，这里用 ns1 是因为 ns 是 namespace 的缩写，含义请楚)，在花括号内是声明块，在其中声明的实体称为命名空间成员(namespace member)。现在命名空间成员包括变量 a 和 b，注意 a 和 b 仍然是全局变量，仅仅是把它们隐藏在指定的命名空间中而已。如果在程序中要使用变量 a 和 b，必须加上命名空间名和作用域分辨符"::"，如"nsl::a"、"nsl::b"。

　　2) 命名空间的嵌套

　　在一个命名空间中又定义一个命名空间，即嵌套的命名空间。例如：

```
namespace nsl
{
    const double RATE = 0.08;         //常量
    double pay;                       //变量
    double tax();                     //函数
    {
        return 100*RATE;
    }
    namespace ns2                     //嵌套的命名空间
    {
        int age;
    }
}
```

如果想输出命名空间 nsl 中成员的数据，可以采用下面的方法：

```
cout << nsl::RATE << endl;

cout << nsl::pay << endl;

cout << nsl::tax() << endl;

cout << nsl::ns2::age << endl;        //需要指定外层的和内层的命名空间名
```

　　可以看到命名空间的声明方法和使用方法与类差不多。但它们之间有一点差别：在声明类时在右花括号的后面有一分号；而在定义命名空间时，花括号的后面没有分号。

　　【例 6-1】　关于命名空间的使用。

```
#include <iostream>

using namespace std;      // using 声明使用一个完整的命名空间 std，C++提供的名字
                          //空间 std 涵盖了所有标准 C++的定义和声明

namespace one             //定义一个命名空间 one
```

```
    {
        const int M = 200;
        int inf = 10;
    }
    namespace two
    {   int x;
        int inf = -100;
    }

    using namespace one;            // using 声明使用一个完整的命名空间
    int main()
    {
        using two::x;               // using 声明仅使用命名空间 two 中的 x
        x = -100;                   //对 two 中的 x 直接访问
        cout << inf << endl;        //对命名空间 one 的所有成员的访问
        cout << M << endl;
        two::inf* = 2;
        cout << two::inf << endl;   //同样是 two 中的内容，但是访问方式不同
        cout << x << endl;
        return 0;
    }
```

程序运行结果：

```
    10
    200
    -200
    -100
```

5．文件作用域

如果一个标识符没有在前几种作用域中出现，则它具有文件作用域。这种标识符的作用域从声明处开始，到文件结尾处结束。举例子说明文件作用域。

【例 6-2】 文件作用域标识符的使用。

```
    #include<iostream>
    using namespace std;
    int i;                          //文件作用域
    int main()
    {
        i = 1;
        {                           //子块
            int i;                  //块作用域
```

```
        i = 2;
        cout << "i=" << i << endl;      //输出 2
    }
    cout << "i=" << i;                  //输出 1
    return 0;
}
```

上例 6-2 中，在 main 函数之前声明了变量 i，i 在整个源文件中都有效，即它具有文件作用域。而在子块中也声明了一个变量 i，这个 i 具有块作用域。进入 main 函数后给 i 赋了初值 1，在子块中又声明了一个同名变量 i，并赋初值 2。第一次输出 i 时输出 i=2，因为子块里具有块作用域的 i 把外面具有文件作用域的 i 屏蔽掉了，就是说在子块中，具有文件作用域的 i 是不可见的。出了子块后，具有块作用域的 i 就无效了，所以就输出具有文件作用域的 i 的值 i=1。

6.1.2　生存期

生存期是指对象从被创建开始到结束为止的时间段。类对象的生存期一般分为静态生存期和动态生存期两种。

1．静态生存期

若某个对象的生存期与程序运行的整个时期相同，就说它具有静态生存期，程序运行期间它在内存的存储空间都不会释放。因此具有文件作用域的对象都具有静态生存期。另外，还可以使用关键字 static 修饰对象，使对象具有静态生存期。例如：

```
    static int x;
```

这个语句就是将 x 声明为具有静态生存期的变量，也称为静态变量。

【例 6-3】　静态生存期的标识符。

```
#include <iostream>
using namespace std;
int main()
{
    int a;
    cin >> a
    if (a > 0)
    {
        static int m=10;
    }
    int c=0;
    return 0;
}
```

虽然 m 变量在函数内部定义，但是它的生存期直到 main 函数执行完才结束，而非出了 if 语句的括号函数就结束。这是因为 static 变量不是存放在堆栈中的，而是存放在全局静态数据区中。

2．动态生存期

除了上述情况的对象具有静态生存期外，其余对象都具有动态生存期。具有动态生存期的对象产生于声明处，在该对象的作用域结束处释放。

【**例 6-4**】 动态生存期的标识符。

```cpp
#include <iostream>
using namespace std;
int a = 1;              // a为全局变量，它具有静态生存期
void fun(void);
int main()
{     static int x;       //具有静态生存期的局部变量，称作静态局部变量，局部可见
      int y = 5;          // y，z为局部变量，具有动态生存期
      int z = 1;
      cout <<" a: "<< a <<" x: "<< x <<" y: "<< y <<" z: "<< z << endl;
      z = z + 2;
      fun();
      cout <<" a: "<< a <<" x: "<< x <<" y: "<< y <<" z: "<< z << endl;
      a = a + 10;
      fun();
      return 0;
}
void fun(void)
{     /* x,y为静态局部变量，只有第一次进入函数时被初始化*/
      static int x = 4;
      static int y;
      int z = 10;         // z为局部变量，具有动态生存期，每次进入函数时都初始化
      a = a + 20;
      x = x + 3;
      z = z + 4;
      cout <<" a: "<< a <<" x: "<< x <<" y: "<< y <<" z: "<< z << endl;
       y = x;
}
```

运行结果：

```
a: 1 x: 0 y: 5 z: 1
a: 21 x: 7 y: 0 z: 14
a: 21 x: 0 y: 5 z: 3
a: 51 x: 10 y: 7 z: 14
```

这里要说明，静态局部变量如果没有进行显式初始化，那么它将被默认初始化为 0。当第二次调用 fun 函数时，其静态局部变量 x 和 y 将不再初始化，x 和 y 将继续使用 fun 函数第一次被调用后最后的值来参加下面的运算。具体说，第一次调用完 fun 函数后，fun 中变量 x 的值是 7，在第二次调用 fun 函数时，x 不会再被赋值为 4，而是继续使用 7 作为初值。

6.2　类的静态成员

　　同一个类可以定义多个对象，每一个对象都为自己的数据成员开辟存储空间存放数据值。但是如果希望有某一个或几个数据成员为所有对象所共享，就需要设定类的静态成员。静态成员包括静态数据成员和静态成员函数。

6.2.1　静态数据成员

　　可以使用全局变量来达到共享数据的目的。例如，在一个程序文件中有多个函数，每一个函数都可以改变全局变量的值，全局变量的值为各函数共享。但是采用全局变量数据的安全性得不到保证，由于在各处都可以自由地修改全局变量的值，很有可能因偶然失误，全局变量的值就被修改，导致程序的失败。因此在实际工作中很少使用全局变量。

　　如果想在同类的多个对象之间实现数据共享，可以用静态的数据成员。

　　静态数据成员使用 static 关键字修饰。其一般使用格式如下：

```
static 数据成员类型 标识符;
```

例如：

```
class Box
{
public:
    int volume();
private:
    static int height;        //把 height 定义为静态的数据成员
    int width;
    int length;
};
```

　　如果希望各对象中的 height 值是一样的，就可以把它定义为静态数据成员，这样它就为各对象所共有，而不只属于某个对象的成员，所有对象都可以引用它。

　　静态的数据成员在内存中只占一份空间。每个对象都可以引用这个静态数据成员。静态数据成员的值对所有对象都是一样的。如果改变它的值，则在各对象中这个数据成员的值都同时改变。这样可以节约空间，提高效率。

　　如果只声明了类，但是没有定义对象，那么一般来说类的数据成员是不占内存空间的，只有在定义对象的时候，才为对象的数据成员分配空间。但是静态数据成员不属于某一个对象，静态数据成员是在所有对象之外单独开辟空间。只要在类中定义了静态数据成员，即使不定义对象，也为静态数据成员分配空间，它可以被引用。

对于静态变量，如果在一个函数中定义了静态变量，在函数结束时该静态变量并不释放，仍然存在并保留其值。静态数据成员也类似，它不随对象的建立而分配空间，也不随对象的撤销而释放。静态数据成员是在程序编译时被分配空间的，到程序结束时才释放空间。

静态数据成员可以初始化，但只能在类体外进行初始化。其一般使用格式如下：

> 数据类型类名::静态数据成员名 = 初值;

不必在初始化语句中加 static。如果未对静态数据成员赋初值，则编译系统会自动赋予初值 0。但不意味着不需要初始化操作，一定要有一条初始化语句。

例如：

> int Box::height = 10;　　//表示对Box类中的数据成员显式初始化
>
> int Box::height;　　　　//表示对Box类中的数据成员隐式初始化

注意：不能用参数对静态数据成员初始化。例如，在定义 Box 类中按下面的例子定义构造函数是错误的。

> Box(int h, int w, int len):height(h){ }

静态数据成员既可以通过对象名引用，也可以通过类名来引用。

有了静态数据成员，各对象之间的数据有了沟通的渠道，实现数据共享，因此可以不使用全局变量。全局变量在一定程度上破坏了类的封装性，不符合面向对象程序的要求。但是也要注意公用静态数据成员与全局变量的不同，静态数据成员的作用域只限于定义该类的作用域内(如果是在一个函数中定义类，那么其中静态数据成员的作用域就是此函数内)。在此作用域内，可以通过类名和域运算符"::"引用静态数据成员，而不论类对象是否存在。

【例6-5】 静态数据成员的使用。

```cpp
#include <iostream>
#incluce <string>
using namespace std;


//声明学生类
class Student
{
 private:
        int num;                        //学号
        char name[18];                  //姓名
        int age;                        //年龄
        char sex[3];                    //性别
 public:
        static int count;               //计数器
        Student(char *nm, int ag, char *sx):age(ag)          //构造函数
        {       strcpy(name, nm);
                strcpy(sex, sx);
                num = 1000 + count++;
```

```
        }
        void Show()const                //输出信息
        {
            cout << num <<"\t"<< name <<"\t"<< age <<"岁\t"<< sex << endl;
                                         //输出学号，姓名，年龄和性别
        }
    };

    int Student::count = 0;              //初始化静态成员函数 count
    int main()                           //主函数 main()
    {   Student st1("张超"32,"男");       //定义对象 st1
        Student st2("吴珊"28,"女");       //定义对象 st2
        Student st3("吴倩"23,"女");       //定义对象 st3

        st1.Show();                      //输出 st1 的信息
        st2.Show();                      //输出 st2 的信息
        st3.Show();                      //输出 st3 的信息
        cout << "共有" << Student::count << "个学生" << endl; //输出学生人数
        return 0;
    }
```

程序运行时屏幕输出如下：

```
1000 张强 32 岁 男
1001 吴珊 28 岁 女
1002 吴倩 23 岁 女
共有 3 个学生
```

在本例中，静态数据成员 count 初始化为 0，在构造函数中 count 的值将自动加 1，由于每个对象都将自动调用构造函数，可知 count 的值为对象的个数，用静态数据成员作为计数器是静态数据成员的常用方法。

6.2.2 静态成员函数

与数据成员类似，成员函数也可以定义为静态的，在类中声明函数的前面加 static 就成了静态成员函数。其一般使用格式如下：

static 函数返回值类型 静态成员函数名(参数表);

与静态数据成员类似，调用公有静态成员函数的一般格式有如下几种：

类名::静态成员函数名(实参表)

对象.静态成员函数名(实参表)

对象指针 -> 静态成员函数名(实参表)

例如：

```
static void volume();
```
和静态数据成员一样，静态成员函数是类的一部分，而不是对象的一部分。

如果要在类外调用公有的静态成员函数，应该加类名和域运算符"::"。如：
```
Box::volume();
```
实际上也允许通过对象名调用静态成员函数，如：
```
a.volume();
```
与静态数据成员不同，静态成员函数的作用不是为了对象之间的沟通，而是为了能处理静态数据成员。

当调用一个对象的成员函数(非静态成员函数)时，系统会把该对象的起始地址赋给成员函数的 this 指针。而静态成员函数并不属于某一对象，它与任何对象都无关，因此静态成员函数没有 this 指针。既然它没有指向某一对象，就无法对一个对象中的非静态成员进行默认访问。

可以说，静态成员函数与非静态成员函数的根本区别是：非静态成员函数有 this 指针，而静态成员函数没有 this 指针。由此决定了静态成员函数不能访问本类中的非静态成员。

静态成员函数可以直接引用本类中的静态数据成员，因为静态成员同样是属于类的，可以直接引用。在 C++ 程序中，静态成员函数主要用来访问静态数据成员，而不能访问非静态成员。

假如在一个静态成员函数中有以下语句：
```
cout << height << endl;      //若height已声明为static，则引用本类中的静态成员合法
cout << width << endl;       //若width是非静态数据成员，不合法
```
但是，并不是绝对不能引用本类中的非静态成员，只是不能进行默认访问，因为无法知道应该去找哪个对象。

如果一定要引用本类的非静态成员，应该加对象名和成员运算符"."。

例如，此时给 volume()传入一个参数 Box a 即修改成：
```
Box::volume(Box a)
{
    cout << a.width << endl;
}
cout<<a.width<<endl;         //这样也可以引用本类对象 a 中的非静态成员 width
```
假设 a 已定义为 Box 类对象，且在当前作用域内有效，则此语句合法。

【例 6-6】 静态成员函数的使用。
```
#include <iostream>
using namespace std;
class Student                                //定义 Student 类
{
public:
    Student(int n,int a,float s):num(n),age(a),score(s){ }        //定义构造函数
    void total( );
    static float average( );           //声明静态成员函数
```

```
        private:
            int num;
            int age;
            float score;
            static float sum;              //静态数据成员
            static int count;              //静态数据成员
        };
        void Student::total()             //定义非静态成员函数
        {
            sum += score;                 //累加总分
            count++;                      //累计已统计的人数
        }
        float   Student::average()        //定义静态成员函数
        {
            return(sum / count);
        }
        float Student::sum = 0;           //对静态数据成员初始化
        int Student::count = 0;           //对静态数据成员初始化
        int main( )
        {
            Student stud[3]={             //定义对象数组并初始化
                Student(1001,18,70),
                Student(1002,19,78),
                Student(1005,20,98)
            };
            int n;
            cout << "please input the number of students:";
            cin >> n;                     //输入需要求前面多少名学生的平均成绩
            for(int i = 0; i < n; i++)    //调用 n 次 total 函数
                stud[i].total( );
            cout << "the average score of "<< n << " students is " << Student::average() << endl;
                                          //调用静态成员函数
            return 0;
        }
```

运行结果为：

```
please input the number of students:3
the average score of 3 students is 82.3333
```

在主函数中定义了 stud 对象数组，为了使程序简练，只定义含 3 个元素，分别存放 3

个学生的数据。程序的作用是先求用户指定的 n 名学生的总分，然后求平均成绩(n 由用户输入)。

在 Student 类中定义了两个静态数据成员 sum(总分)和 count(累计需要统计的学生人数)，这是由于这两个数据成员的值是需要进行累加的，它们并不是只属于某一个对象，而是由各对象元素共享的。它们的值是在不断变化的，而且无论对哪个对象元素而言，都是相同的，而且程序结束前始终不释放内存空间。

total 是公有的成员函数，其作用是将一个学生的成绩累加到 sum 中。公有的成员函数可以引用本对象中的一般数据成员(非静态数据成员)，也可以引用类中的静态数据成员。score 是非静态数据成员，sum 和 count 是静态数据成员。

average 是静态成员函数，它可以直接引用私有的静态数据成员(不必加类名或对象名)，函数返回成绩的平均值。

在 main 函数中，调用 total 函数要加对象名，调用静态成员函数 average 函数要加类名或对象名。

对静态成员总结如下：

(1) 静态数据成员的生存期与运行程序相同。

(2) 静态成员函数没有 this 指针。

(3) 静态数据成员为类的所有对象共享。

(4) 静态成员函数只能访问该类的静态数据成员或静态成员函数。

(5) 静态数据成员只是在类中声明，必须在类外进行初始化。

(6) 可以利用类名和作用域运算符来调用静态成员函数。

6.3 友 元

类具有封装和信息隐藏的特性。只有类的成员函数才能访问类的私有成员，程序中的其它函数是无法访问类的私有成员。类外普通函数可以访问类中的公有成员，但是如果将数据成员都定义为公有的，这又破坏了隐藏的特性。在某些情况下，需要使外界可以直接访问本类的私有权限的成员。为了解决这个问题，提出友元。友元是一种定义在类外部的普通函数或类，为了能够访问本类的私有权限的成员，需要在类体内进行说明，在本类中用关键字 friend 加以标注。友元包括友元函数、友元成员、友元类。

6.3.1 友元函数

友元函数是在类中使用 friend 关键字所修饰的非成员函数。因为是非成员函数，所以函数可以是一个普通的自定义函数，也可以是其它类的成员函数。而且它可以访问类的私有成员或者保护成员，只需要通过对象名就可以进行访问。

友元函数是能够访问类中的私有成员的非成员函数。友元函数从语法上看，它和普通函数相同，即在定义上和调用上与普通函数相同。友元函数的声明由关键字 friend 引导，其一般声明格式如下：

```
friend 返回值类型 函数名(参数表);
```

【例 6-7】 友元函数的使用。

```cpp
#include <iostream>
using namespace std;
class Time
{
public:
    Time(int h,int m,int s);
    friend void show(Time &t);            //声明 show 函数为 Time 类的友元函数
private:
    int hour;
    int minute;
    int second;
};

Time::Time(int h, int m, int s)
{
    hour = h;
    minute = m;
    second = s;
}

void show(Time &t)
{
    cout << t.hour << ":" << t.minute << ":" << t.second << endl;
}

int main()
{
    Time t(1,2,3);
    show(t);
    return 0;
}
```

程序运行结果：

```
1:2:3
```

说明：从这个程序可以看出，使用了友元函数可以直接访问类的私有成员。但是在使用友元函数时，需要指定访问的对象，这是因为友元函数在这里不是任何类的成员函数。

友元函数不是成员函数，但是它可以访问类中的私有成员。友元的作用在于提高程序的运行效率，但是它破坏了类的封装性和隐藏性，使得非成员函数可以访问类的私有成员。但是，类的私有访问权限在某些应用场合限制过高，需要友元实现外界对类内部的访问。

6.3.2　友元成员

前面说过，友元函数既可以是非成员函数，也可以是其它类的成员函数。友元成员函数的使用和一般的非成员函数的使用类似，要通过相应的类或者对象名来进行访问。

【例6-8】　友元成员函数的使用。

```cpp
#include <iostream>
using namespace std;
class Date;                          //对 Date 类的提前引用声明
class Time                           //定义 Time 类
{
public:
    Time(int h, int m, int s);
    void display(Date &);
                                     //display 是成员函数，形参是 Date 类对象的引用
private:
    int hour;
    int minute;
    int sec;
};
class Date                           //声明 Date 类
{
public:
    Date(int m, int d, int y);
    friend void Time::display(Date &);
                                     //声明 Time 中的 display 函数为友元成员函数
private:
    int month;
    int day;
    int year;
};
Time::Time(int h, int m, int s)      //类 Time 的构造函数
{
    hour = h;
    minute = m;
    sec = s;
}
void Time::display(Date &d)
                                     // display 的作用是输出年、月、日和时、分、秒
{
```

```
            cout << d.month << "/" << d.day << "/" << d.year << endl;
                                    //引用 Date 类对象中的私有数据
            cout << hour << ":" << minute << ":" << sec << endl;
                                    //引用本类对象中的私有数据
        }
        Date::Date(int m, int d, int y)          //类 Date 的构造函数
        {
            month = m;
            day = d;
            year = y;
        }
        int main( )
        {
            Time t1(10, 13, 56);                 //定义 Time 类对象 t1
            Date d1(12, 25, 2004);               //定义 Date 类对象 d1
            t1.display(d1);                      //调用 t1 中的 display 函数,实参是 Date 类对象 d1
            return 0;
        }
```

程序运行结果：

```
12/25/2004
10:13:56
```

说明：这个程序说明了当友元函数是其它类的成员函数时，也可以访问私有成员。需要注意的是程序是在定义 Time 类的 display 函数之前正式声明 Date 类的。如果将对 Date 类的声明放在 Time 类的 display 函数之后，编译就会出错。因为在 Time 类的 display 函数体中要用到 Date 类的成员 month、day、year，如果不事先声明 Date 类，编译系统无法识别 Date 类的成员 month、day、year 等。还需要注意的是在访问函数或者在访问私有成员时需要声明所属的类名或者对象名。

6.3.3　友元类

和友元函数一样，一个类可以将另一个类声明为友元类。举个例子，如果 A 类是 B 类的友元类，那么 A 类所有的成员函数都是 B 类的友元函数，就是说 A 类的成员函数都可以访问 B 类的私有成员或者保护成员。友元类声明的一般格式为：

```
    friend class 类名;
```

【例 6-9】　友元类的使用。

```
    class Time
    {
    public:
        Time(int, int, int);
```

```
        void display(Date &);
    private:
        int hour;
        int minute;
        int sec;
    };
    class Date
    {
    public:
        Date(int, int, int);
        friend class Time;           //声明 Time 类为 Date 类的友元类
    private:
        int month;
        int day;
        int year;
    };
```

说明： 这样 Time 类就是 Date 类的友元类，因此 Time 类里的成员函数可以访问 Date 类的私有成员。

关于友元，有以下几点需要注意：

(1) 友元的关系是单向的而不是双向的。声明 A 类是 B 类的友元类，并不意味着 B 类也是 A 类的友元类。这时 B 类中的成员函数仍不能访问 A 类中的私有成员或者保护成员。

(2) 友元的关系不能传递。B 类是 A 类的友元类，C 类是 B 类的友元类，不等于 C 类是 A 类的友元类。如果想让 C 类是 A 类的友元类，应在 A 类中另外声明。

友元有好处，使得数据能够共享，从而提高程序的效率；但是友元也有不足，类之所以提供私有类型的成员，是因为类具有封装性和信息隐蔽的特点，但是如果使用友元，会对这一性质造成一定的破坏。所以在使用友元时，需要权衡好利弊，使用友元能够明显提高程序效率时再使用友元。

6.4　常　类　型

数据隐藏保证了数据的安全，数据共享又会对数据的安全造成破坏。所以对于既想保护又想共享的数据可以声明为常量。因为常量是不允许在使用的时候进行改变的，所以使用常量可以保护数据。常量使用 const 这个关键字进行修饰。在本节将介绍几个常量的类型：常数据成员、常成员函数、常对象、常引用。

6.4.1　常数据成员

基本数据类型的数据可以用 const 修饰为常量，类中的数据成员也可以成为常量。在声明的时候使用 const 关键字修饰数据成员就使其成为常数据成员。如果一个类中声明了常数据成员，那么在任何函数中都无法对该数据成员进行赋值。常数据成员只能通过初始化列表来进行初始化。声明形式如下：

```
const 类型说明符 变量名;
const 类名 对象名;
```

【例 6-10】 常数据成员举例。

```cpp
#include <iostream>
using namespace std;

class Circle
{
private:
    const double radius;
public:
    Circle (double r):radius(r){}
    //常数据成员只能通过初始化列表来进行初始化
    double area ()
    {
        return radius * radius * 3.14;
    }
};

int main()
{
    Circle c(10);
    cout << "area is " << c.area() << endl;
    return 0;
}
```

程序运行结果：

```
area is 314
```

从上面的例子可看出常数据成员的初始化方式只能通过初始化列表。使用常数据成员有效地保证了该数据成员的值不被修改，进而保证了数据的安全性。

6.4.2 常成员函数

与常数据成员类似，成员函数也可以使用 const 关键字修饰后成为常成员函数。常成员函数声明方式如下：

```
函数类型说明符 函数名(参数列表) const;
```

同样的，在定义成员函数时也需要在最后加上 const 关键字。

常成员函数被调用期间，不能更改调用对象的数据成员的值，也不能再调用该类中没有用 const 修饰的普通成员函数。因此，对于无需改变对象状态的成员函数，都应当使用 const。

【例 6-11】 常成员函数举例。

```
class Circle
{
private:
    double radius;
public:
    Circle (double r): radius (r){ }
    double area () const
    {
        return radius * radius * 3.14;
    }
};
```

在这里把 area()函数定义为常成员函数，在这个函数里不能修改该对象的数据成员。下面的表 6-1 表示不同的成员函数与不同的数据成员之间的关系。

表 6-1 不同的成员函数与不同的数据成员之间的关系

数据成员	非 const 成员函数	const 成员函数
非 const 数据成员	可以引用，也可以改变值	可以引用，但不可以改变值
const 数据成员	可以引用，但不可以改变值	可以引用，但不可以改变值

需要注意的是，const 关键字也可以被用于函数的重载。例如：

```
void area();
void area() const;
```

但是，如果仅以 const 关键字为区分对成员函数的重载，那么通过非 const 的对象调用该函数，两个重载的函数都可以与之匹配，这时编译器将选择最相近的重载函数。

关于 const 函数的几点规则如下：

(1) const 对象只能访问 const 成员函数；而非 const 对象可以访问任意的成员函数，包括 const 成员函数。

(2) const 对象的成员是不可修改的，然而 const 对象通过指针维护的对象却是可以修改的。

(3) const 成员函数不可以修改对象的数据，无论对象是否具有 const 性质。它在编译时，以是否修改成员数据为依据进行检查。

6.4.3 常对象

常对象是指对象的所有成员值在对象的整个生存期内不能被改变。常对象必须进行初始化。定义常对象的一般形式为：

> 类名 const 对象名(实参列表);

也可以把 const 写在最左面：

const　类名　对象名(实参列表);
两种格式表达的意思是一样的。
　　例如:
　　　　　const Circle c1(10);
　　这样,在所有的场合中,对象 c1 中的所有成员的值都不能被修改。凡希望数据成员不被改变的对象,可以声明为常对象。
　　如果一个对象被声明为常对象,则其数据成员都视为常量,不允许被赋值;普通成员函数不能通过常对象调用(除了由系统自动调用的隐式的构造函数和析构函数),这是为了防止这些函数会修改常对象中数据成员的值。编译系统会检查函数的声明,只要发现调用了常对象的成员函数,而且该函数未被声明为 const,就会报错。不要误认为常对象中的成员函数都是常成员函数。常对象只保证其数据成员是常数据成员,其值不被修改。如果在常对象中的成员函数未加 const 声明,编译系统把它当作非 const 成员函数处理。
　　【例 6-12】　常对象举例。

```cpp
#include<iostream>
using namespace std;
class sample                //声明 sample 类
{
private:
    int x;
public:
    int getx() const;       //声明一个常成员函数
    sample(){x = 8;}        //构造函数
    int getxx();            //声明一个非 const 成员函数
};
int sample::getx() const
{
    return x;
}
int sample::getxx()
{
    return x;
}
int main (void)
{
    sample const one;              //创建一个 sample 的 const 对象 one
    cout<<one.getx()<<endl;        //getx()为常成员函数,调用合法
    /*cout<<one.getxx()<<endl;*/   //getxx()非 const 成员函数,调用非法
    return 0;
}
```

6.4.4　常引用

常引用的一般说明形式如下：

const　类型说明符　&引用名

作为常引用的引用对象不允许被更改。

【例 6-13】　常引用作为函数的形参。

```cpp
#include <iostream>
using namespace std;
int add(const int &i, const int &j)
{
    return i + j;
}

int main()
{
    int a=5;
    int b=10;
    cout << a << "+" << b << "=" << add(a,b) << endl;
    return 0;
}
```

6.5　程序实例——人事信息管理程序

使用 C++ 面向对象的思想设计一个 Empolyee 类，实现对人事信息管理系统的基本操作，包括添加人事信息、更改人事信息、查看人事信息等。

【例 6-14】　编写程序实现一个简单的人事信息管理程序。

```cpp
//Employee.h
#include<iostream>
#include<string>
using namespace std;

class Employee
{
private:
    int lognumber;                    //编号
    string name;                      //名字
    string idnumber;                  //身份证号码
    int sex;                          //性别
    string department;                //所在部门
```

```cpp
public:
    Employee(void){ }                        //定义默认的默认构造函数
    Employee(int amount, string tname, string tid,
    int tsex, string tdepart)
    :lognumber(amount), name(tname), idnumber(tid), sex(tsex),
    department(tdepart){ }                   //定义带参数的构造函数
    ~Employee(void){ }                       //定义默认析构函数

    void show();                             //查看信息函数
    void alter();                            //更改信息函数
    void add(const int &amount);             //添加信息函数

    string getName(){ return name; }         //获取名字函数
};

//Employee.cpp
#include "Employee.h"
void Employee::show()                        //查看信息函数
{
    cout << lognumber << "\t" << name << "\t" << idnumber << "\t";
    if(sex == 1)
    {
        cout << "男\t";
    }
    else
    {
        cout << "女\t";
    }
    cout << department << endl;
}

void Employee::alter()                       //更改信息函数
{
    cout << "请按照以下格式输入新信息" << endl;
    cout << "姓名" << " " << "身份证号" << " " << "性别（0女1男）"
        << " " << "部门" << endl;
    string tname,tid,tdepart;
    int tsex;
    cin >> tname >> tid >> tsex >> tdepart;
    name = tname;
```

```
        idnumber = tid;

        sex = tsex;

        department = tdepart;

        cout << "成功修改数据！" << endl;

}


void Employee::add(const int &amount)              //添加信息函数

{

        cout << "请按照下列格式输入信息" << endl;

        cout << "姓名" << " " << "身份证号" << " " << "性别（0 女 1 男）"

              << " " << "部门" << endl;

        string tname, tid, tdepart;

        int tsex;

        cin >> tname >> tid >> tsex >> tdepart;

        lognumber = amount;

        name = tname;

        idnumber = tid;

        sex = tsex;

        department = tdepart;

        cout << "成功存入数据！现有["<< amount <<"]条数据" << endl;

}


// main.cpp
#include "Employee.h"


Employee EmployeeData[50];                        //创建 50 个 Employee 对象


inline string alter(Employee tEmployeeData[], const int &n)

{                                                 //修改指定记录

        string s;

        cout << "请输入要修改的名字" << endl;

        cin >> s;

        int i;

        for (i = 0; i < n; i++){

                if(tEmployeeData[i].getName() == s){

                        tEmployeeData[i].alter();

                        return "修改成功";

                }

        }
```

```
        return "名字不存在！";
    }


int main(void)
{
    int COUNT = 0;                              //创建记录信息条数的变量
    int op, i;
    while(1)
    {
        cout << "请输入操作号" << endl;
        cout << "1-新增数据" << "\n" << "2-更改某人数据" << "\n"
            << "3-列出所有数据"    << "\n" << "4-退出系统" << endl;
        cin >> op;
        switch(op)
        {
        case 1:
            EmployeeData[COUNT].add(COUNT+1);
            COUNT++;
            break;
        case 2:
            cout << alter(EmployeeData,COUNT) << endl;
            break;
        case 3:
            cout << "编号" << "\t" << "姓名" << "\t " << "身份证号" << "\t"
                << "性别" << "\t" << "所在部门" << endl;
            for (i = 0; i < COUNT; i++) EmployeeData[i].show();
            break;
        default:
            exit(0);
        }
    }
    return 0;
}
```

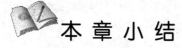 本 章 小 结

数据共享与保护机制主要包含标识符的时间特性和空间特性，时间特性是指标识符的

生存期，空间特性是指标识符的作用域和可见性。同一个类的不同对象之间如果需要对数据和操作进行共享，就需要考虑设置类的静态成员。而对于成员的保护机制则通过设置成常成员来实现。

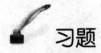 习题

1. 定义一个 Dog 类，拥有静态数据成员 count，用来统计 Dog 的个体数目；静态成员函数 getCount 用来读取 count，设计程序测试这个类，掌握静态数据成员和静态成员函数的用法。

2. 下面程序的运行结果是什么？实际运行一下，看看与你的设想有何不同。

```cpp
#include <iostream>
using namespace std;

void fn1();
int x = 1, y = 2;

int main()
{
    cout << "开始..." << endl;
    cout << "x=" << x << endl;
    cout << "y=" << y << endl;
    cout << "在 main()中求 x 和 y 的值..." << endl;
    int x = 10, y = 20;
    cout << "x=" << x << endl;
    cout << "y=" << y << endl;
    cout << "进入函数 fn1()..." << endl;
    fn1();
    cout << "返回 main()" << endl;
    cout << "x=" << x << endl;
    cout << "y=" << y << endl;
    return 0;
}

void fn1()
{
    int y = 200;
    cout << "x=" << x << endl;
```

```
    cout << "y=" << y << endl;
}
```

3. 定义一个 Student 类，在该类定义中包括：两个数据成员 name(学生姓名)和 score(分数)；两个静态数据成员 total(总分)和 count(学生人数)。成员函数 scoretotalcount(float s)用于设置每个学生的分数；静态成员函数 sum()用于返回总分；静态成员函数 average()用于求分数平均值。

在 main 函数中，输入某班同学的成绩(班级学生人数随个数录入情况自动增加)，并调用上述函数求全班学生的总分和平均分。

4. 定义一个表示点的结构类型 Point 和一个由直线方程 y = ax + b 确定的直线类 Line。结构类型 Point 有 x 和 y 两个成员，分别表示点的横坐标和纵坐标。Line 类有两个数据成员 a 和 b，分别表示直线方程中的系数 a 和 b。Line 类有一个成员函数 print 用于显示直线方程；友员函数 setPoint(Line &l1, Line &l2)用于求两条直线的交点。在 main 函数中，建立两个直线对象，分别调用 print 函数显示两条直线的方程，并调用函数 setPoint 求这两条直线的交点。

第 7 章　继承与派生

C++ 提供了比修改代码更好的方法来扩展和修改类，这种方法叫做类的继承。它能够从已有的类派生出新的类，而派生类继承了原有类(称为基类或父类)的特征(包括方法)。继承通过派生出类通常比设计新类要容易得多。

7.1　类的继承与派生

7.1.1　继承与派生关系

在程序设计中，类的继承与派生的结构层次源于人们对自然界的事物进行分类、分析和认识的过程。世间万物之间都存在着相互的联系，在对各种事物的认知过程中，人们习惯于根据事物的共性与个性对事物进行分层分类。例如，交通工具分类层次图如图 7-1 所示。

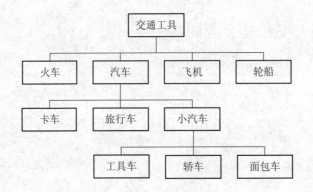

图 7-1　交通工具分类层次图

继承就是把前辈所具有的属性和行为特性直接接受过来使用。同理，类的继承是指新产生的类继承已存在的类属性和行为特性。在类的层次结构关系中，处于上一层级的类称为基类或父类，处于下一层级的类称为派生类或子类。这种由基类产生出派生类的过程称为派生。

派生类的语法：

```
class 派生类名:继承方式 基类名 1, 继承方式 基类名 2,…, 继承方式 基类名 N
{
    派生类声明;
};
```

例如：假定基类 Base1、Base2、Base3 是已经定义的类，下面定义了名为 Derived 的派生类，该类从基类 Base1、Base2、Base3 派生而来。

```
class Derived:public Base1, protected Base2, private Base3
{
Public:
    Derived();
    ~Derived();
};
```

在派生类的定义中，除了指定基类外，还需指定继承方式，继承方式规定了如何访问从基类继承的成员，每一个继承方式只对紧随其后的基类有效。因此，每一个基类前都需要添加一个继承方式。继承方式分为三种，即 public、protected 和 private，依次表示公有继承、保护继承和私有继承。如果省略继承方式的关键字，系统会默认为是私有继承(private)。对于以上三种继承方式的具体内容将在 7.1.2 节中详细讲述。

一个派生类可以只有一个基类，这种情况称为单继承；也可以同时拥有多个基类，这种情况称为多继承，此时派生类就获得了多个基类的特性。两种继承方式的关系如图 7-2 所示。

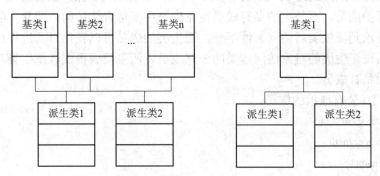

图 7-2　多继承和单继承的关系图

在派生的过程中，派生类可以继承自一个或多个基类，一个基类也可以派生出一个或多个派生类。与此同时，派生类还可以作为基类继续派生出新的派生类。这样，就形成了一个相互之间都有联系的类的家族——类族。在类族中，直接派生出派生类的基类称之为直接基类，基类的基类甚至更高层的基类称之为间接基类。如图 7-1 中，"小汽车"就是"轿车"的直接基类，而"轿车"的间接基类则可以为"汽车"或者"交通工具"。

派生类的生成过程分为 3 个步骤：吸收基类成员，改造基类成员，添加新成员。

1．吸收基类成员

C++类的继承中，派生类吸收了基类中除构造函数和析构函数之外的全部成员。因此，派生类可以利用从基类中吸收的全部数据成员和成员函数。派生类不吸收构造函数(和析构函数)是由构造函数(和析构函数)的特殊功能和作用所决定的。

2．改造基类成员

由于基类的部分成员在派生类中可能不需要，却也被继承了下来，对这些没有实际需要而被继承下来的成员，在派生类中需要对其进行改造。改造基类成员包括两个方面：

(1) 通过派生类定义时的三种不同的继承方式来控制；

(2) 通过在派生类中定义同名成员(包括成员函数和数据成员)覆盖在派生类中不起作用的基类成员。

3．添加基类成员

基类的构造函数和析构函数是不能被派生类继承的。因此，需要在派生类中定义新的构造函数和析构函数来完成派生类对象的初始化等相关工作。添加派生类的新成员是继承机制的核心。

7.1.2 访问控制

基类的成员有 public(公有)、protected(保护)、private(私有)三种访问属性。基类的自身成员可以对自身的任一其他成员进行访问，但是外部对象只能访问该类的公有成员进行访问。

类的继承方式有 public(公有继承)、protected(保护继承)、private(私有继承)三种。继承方式的不同导致基类在派生类中的访问属性也不同。

1．公有继承

当派生类的继承方式为 public(公有)时，基类的公有成员、保护成员在派生类中依旧为公有成员和保护成员，而基类的私有成员在派生类中不可直接访问。即基类的公有成员和保护成员被继承到派生类后访问属性不变，派生类的成员可以直接对其进行访问。在类族之外，只能通过派生类的对象访问基类的公有成员。派生类成员或者派生类对象都无法直接访问基类的私有成员。

【例 7-1】 公有继承的例子。

```cpp
#include <iostream>
#include <cmath>
using namespace std;
class Point
{
public:
    void initPoint(float x=0,float y=0){this->x = x; this->y = y;}
    void move(float offX,float offY){x += offX; y += offY;}
    float getX() const {return x;}
    float getY() const {return y;}
private:
    float x,y;
};
class Rectangle:public Point
{
public:
    void initRectangle(float x, float y, float w, float h)
    {
        initPoint(x, y);
```

```
            this -> w = w;
            this -> h = h;
        }
        float getH() const {return h;}
        float getW() const {return w;}
    private:
        float w, h;
    };
    int main()
    {
        Rectangle rect;
        rect.initRectangle(2, 3, 20, 10);
        rect.move(3, 2);
        cout << "The data of rect(x, y, w, h):"<<endl;
        cout << rect.getX() << ","
            << rect.getY() << ","
            << rect.getW() << ","
            << rect.getH() << endl;
        return 0;
    }
```

程序运行结果：

The data of rect(x,y,w,h):

5 , 5 , 20 , 10

分析：主函数中用派生类对象 rect 访问了自身的公有成员函数 initRectangle、move 等，还访问了从基类继承来的公有函数 getX()和 getY()。

2．私有继承

当派生类的继承方式为 private(私有)时，基类的公有成员、保护成员在派生类中变为私有成员，而基类的私有成员在派生类中不可直接访问。即基类的公有成员和保护成员被继承到派生类后访问属性变为私有，派生类的成员可以直接对其进行访问。在类族之外的派生类成员和派生类的对象都无法直接访问从基类继承的私有成员。

【例 7-2】 私有继承的例子。

```
    #include <iostream>
    #include <cmath>
    using namespace std;
    class Point
    {
    public :
        void initPoint(float x=0,float y=0){this->x = x;this->y = y;}
```

```
        void move(float offX,float offY){x += offX; y += offY;}
        float getX() const {return x;}
        float getY() const {return y;}
    private :
        float x,y;
    };
    class Rectangle:private Point
    {
    public:
        void initRectangle(float x, float y, float w, float h)
        {
            initPoint(x, y);
            this -> w = w;
            this -> h = h;
        }
        void move(float offX, float offY){Point::move(offX, offY);}        //重新定义 move
        float getX() const {return Point::getX();}                        //重新定义 getX()
        float getY() const {return Point::getY();}                        //重新定义 getY()
        float getH() const {return h;}
        float getW() const {return w;}
    private:
        float w, h;
    };
    int main()
    {
        Rectangle rect;
        rect.initRectangle(2,3,20,10);
        rect.move(3,2);
        cout << "The data of rect(x,y,w,h):" << endl;
        cout << rect.getX() << ","
            << rect.getY() << ","
            << rect.getW() << ","
            << rect.getH() << endl;
        return 0;
    }
```

程序运行结果：

The data of rect(x,y,w,h):

5 , 5 , 20 , 10

分析：和例 7-1 不同的是本例中的派生类对象 rect 无法访问基类的公有函数，因而只访问了自身的公有成员函数。为了能达到和例 7-1 一样的效果，就需要在派生类中新定义 getX()和 getY()，并且在派生类内部直接调用继承而来的公有成员和保护成员(例如"return Point::getX();"，"return Point::getY();")。

3．保护继承

当派生类的继承方式为 protected(保护)时，基类的公有成员、保护成员在派生类中变为保护成员，而基类的私有成员在派生类中不可直接访问。即基类的公有成员和保护成员被继承到派生类后访问属性变为保护，派生类的成员可以直接对其进行访问。

class A{
　　protected:
　　　　int x;
}
int main(){
　A a;
　a.x=5;　　　　// x 不可以访问
　return 0
}
	class A{
	　　protected:
	　　　　int x;
	}
	Class B:public A{
	　public:
	　　void function(){x=5;}　　// x 可以访问
	};

错误	正确

分析：在类族之外，对象无法直接访问基类(class A)的保护成员，但是在派生类内部可以访问基类(class A)的保护成员。

7.2　派生类的构造函数和析构函数

继承与派生的目的就是派生类在继承了基类的共性之后还能实现自身的属性和特性。这样基类代码就能够被重用，同时派生类通过扩充可以实现派生类多种多样的功能。由于基类的构造函数和析构函数不能被继承，因而派生类必须添加新的构造函数和新的析构函数。同时，派生类的构造函数只对派生类的新增成员进行初始化，继承而来的基类成员则需要由基类的构造函数来进行初始化。

7.2.1　派生类的构造函数

派生类构造对象时需要对基类成员对象和新增成员对象进行初始化。然而基类的构造函数并没有被继承下来，为了初始化需求就要给派生类添加新的构造函数。但是，新增构造函数无法初始化基类成员，所以需要调用基类自身构造函数初始化基类数据成员。派生类中如果有对象成员，还需调用对象成员的构造函数初始化对象成员。

派生类构造函数格式如下：

> 派生类名::派生类名(参数表):基类名 1(基类 1 参数表 1),…,基类名 n (基类 n 参数表 n), 对象成员名 1(对象成员参数表 1),…, 对象成员名 n(对象成员参数表 n)
>
> 　{

派生类构造函数和新增成员初始化;

}

【例7-3】 继承方式下构造函数的调用顺序。

```cpp
#include<iostream>
using namespace std;
class Aa
{
public :
    Aa() { cout<<"Aa constructor called"<<endl; }
};
class Bb: public Aa
{
public :
    Bb() { cout<<"Bb constructor called"<<endl; }
};
class Cc: public Bb
{
public:
    Cc() { cout<<"Cc constructor called"<<endl; }
};
int main( )
{
    Cc C1;
    return 0;
}
```

程序运行结果:

```
Aa constructor called
Bb constructor called
Cc constructor called
```

分析: 根据派生类构造函数的调用顺序, 派生类先调用基类 Aa 的构造函数, 再调用 Bb 的构造函数, 最后调用 Cc 的构造函数。

【例7-4】 派生类构造函数显式调用基类构造函数。

```cpp
#include <iostream>
using namespace std;
class Base
{
private:
    int n;
    double a;
```

```
public:
    Base(int x1=100,double x2=200.18):n(x1),a(x2)
    {
        cout<<"Call A Constructor"<<endl;
        cout<<"n="<<n<<endl;
        cout<<"a="<<a<<endl;
    }
    ~Base(){}
};
class Derive: public Base
{
private:
    int m;
    double b;
public:
    Derive(int xl=100, double x2=200.18, int yl=218, double y2=288.8):
    Base(xl, x2), m(yl), b(y2)
    {
        cout<<"Call B Constructor"<<endl;
        cout<<"m="<<m<<endl;
        cout<<"b="<<b<<endl;
    }
    ~Derive(){}
};
int main()
{
    Derive der;
    return 0;
}
```

程序运行结果：

```
Call A Constructor
n=100
a=200.18
Call B Constructor
m=218
b=288.8
```

分析：派生类构造函数 Derive 不仅要初始化派生类 Derive，还要初始化内嵌的基类对象，因而需要"Base(x1,x2)"调用基类的构造函数进行初始化。

7.2.2 派生类的复制构造函数

对于类，在编写时如果没有对构造函数编写复制构造函数，编译系统会在编译时自动为其生成隐含的复制构造函数。

假设 Rectangle 是 Point 的派生类，Rectangle 的复制构造函数如下：

> Rectangle::Rectangle(Rectangle &r):Point(r){…}

由于兼容规则规定可以用派生类的对象初始化基类的引用。因而可以以 Rectangle 类的对象引用 r 作为 Point 类的复制构造函数参数。

7.2.3 派生类的析构函数

派生过程中，基类析构函数无法被派生类继承下来，于是需要构造新的析构函数来清理消亡派生类对象。派生类的析构函数声明方式和类中析构函数的声明方式完全一致，执行次序和构造函数相反：首先执行派生类析构函数，然后对派生类新增的类对象成员进行清理，最后对所有从基类继承来的成员进行清理。

7.3 多重继承

面向对象程序设计中的继承，可使得程序结构更加清晰，降低了编码和维护的工作量。如果一个类只能有一个父类，则这种继承关系称为单重继承；如果一个类可以有多个父类，则这种继承关系称为多重继承。多重继承指的是一个类可以同时从多于一个的父类那里继承行为和特征。例如，现实世界中每一个人的基因都是在继承了父亲的特征同时又继承了母亲的特征。再比如，在软件的使用中会遇到组合列表控件，它也同时继承了组合框和列表框两者的特性，这种情况还有很多。C++语言支持这种多重继承的编程方式。

7.3.1 多重继承的声明

在 C++中继承多个基类时，每个基类之间用逗号隔开，比如 class A: public B, public C{} 就表示派生类 A 从基类 B 和 C 继承而来。

多重继承声明的一般形式如下：

```
class 派生类名：派生方式 1 基类名 1，…，派生方式 n 基类名 n
{
    //派生类新增的数据成员和成员函数
};
```

冒号后面是基类表，各个基类用逗号进行分隔，派生方式决定了派生类对每个基类的继承方式。可以是 private 或 public，缺省的派生方式是 private。例如：

```
class A:public B, C        //类 A 公有继承了类 B，私有继承了类 C
{
    //...
};
```

在多重继承中，公有派生和私有派生对于基类成员在派生类中的可访问权限与单重继承的规则相同。

【例 7-5】 多重继承的完整例子。

```
#include <iostream>
using namespace std;
class CTimeType                        //定义时间类
{
private:
    int hour, minute, second;          //成员变量
public:
    CTimeType(int h = 12, int m = 0, int s = 0)    //构造函数
    {
        hour = h;
        minute = m;
        second = s;
    }
    void display()                     //成员函数，输出时间
    {
        cout << hour << ":" << minute << ":" << second << endl;
    }
    void setTime(int h, int m, int s)          //成员函数，设置时间
    {
        hour = h;
        minute = m;
        second = s;
    }
};
class CDateType                        //日期类
{
    int month, day, year;
public:
    CDateType(int mon = 1, int d = 1, int y = 2008)    //构造函数
    {
        month = mon;
        day = d;
        year = y;
    }
    void display()                     //成员函数，输出日期
    {
```

```cpp
            cout << month << "/" << day << "/" << year << endl;
        }
        void SetDate(int mon, int d, int y)                  //成员函数，设置日期
        {
            month = mon;
            day = d;
            year = y;
        }
};
class CDateTimeType :public CDateType, public CTimeType       //时间日期类
{
public:
    CDateTimeType(int mon = 1, int d = 1, int y = 2000, int h = 0, int m = 0, int s = 0)
        :CDateType(mon, d, y), CTimeType(h, m, s){}       //构造函数
    void display()                              //成员函数，显示时间、日期
    {
        CDateType::display();                   //调用 CDateType 类的 display 函数
        CTimeType::display();                   //调用 CTimeType 类的 display 函数
    }
};
int main()
{   cout << "类的多重继承演示" << endl;
    CDateTimeType da(1, 1, 2015, 18, 35, 0);    //使用 CDTimeType 构造函数设置日期时间
    cout << "调用 CDTimeType 设定的初始日期、时间为： " << endl;
    da.display();                               //显示时间日期
    da.SetDate(7, 6, 2015);                     //调用基类的成员函数设置日期
    da.setTime(18, 36, 0);                      //调用基类的成员函数设置时间
    cout << "显示修改后的日期和时间" << endl;
    da.display();
    return 0;
}
```

程序运行结果：

```
类的多重继承演示
调用 CDTimeType 设定的初始日期、时间为：
1/1/2015
18:35:0
显示修改后的日期和时间
7/6/2015
18:36:0
```

7.3.2　多重继承的构造函数与析构函数

多重继承中初始化的次序是按继承的次序来调用构造函数的，而不是按初始化列表的次序。比如有 class A：public B, public C{}，在定义类 A 的对象时首先将由类 A 的构造函数调用类 B 的构造函数初始化 B，然后调用类 C 的构造函数初始化 C，最后再初始化对象 A，这与在类 A 中的初始化列表次序无关。

【例 7-6】　多重继承的构造函数与析构函数。

```cpp
#include <iostream>
using namespace std;

class Base1
{
    private:
        int b1;
    public:
        Base1()
        {
            b1 = 0;
            cout << "默认构造 Base1: " << "b1=" << b1 << endl;
        }
        Base1(int i)
        {
            b1 = i;
            cout << "构造 Base1: " << b1 << endl;
        }
        ~Base1()
        {
            cout << "析构 Base1: " << "b1=" << b1 << endl;
        }
};

class Base2
{
    private:
        int b2;
    public:
        Base2()
        {
            b2 = 0;
```

```cpp
            cout << "默认构造 Base2: " << "b2=" << b2 << endl;
        }
        Base2(int j)
        {
            b2=j;
            cout << "构造 Base2: " << "b2=" << b2 << endl;
        }
        ~Base2()
        {
            cout << "析构 Base2: " << "b2=" << b2 << endl;
        }
};


class Base3
{
    public:
        Base3()
        {
            cout << "默认构造 Base3: " << endl;
        }
        ~Base3()
        {
            cout << "析构 Base3: " << endl;
        }
};


class Derive : public Base2, public Base1, public Base3
{
    private:
        Base3 memberBase3;
        Base2 memberBase2;
        Base1 memberBase1;
    public:
        Derive()
        {
            cout << "默认构造 Derive." << endl;
        }
        Derive(int a, int b, int c, int d)
                :Base2(b), memberBase2(d), memberBase1(c), Base1(a)
```

```
        {
            cout << "构造 Derive." << endl;
        }
        ~Derive()
        {
            cout << "\n 析构 Derive." << endl;
        }
    };
    int main()
    {
        cout << "\n 创建派生类对象 obj1： " << endl;
        Derive obj1;
        cout << "\n 创建派生类对象 obj2(1, 2, 3, 4)： " << endl;
        Derive obj2(1, 2, 3, 4);
        return 0;
    }
```

程序运行结果：

```
    创建派生类对象 obj1：
    默认构造 Base2:b2=0
    默认构造 Base1:b1=0
    默认构造 Base3：
    默认构造 Base3：
    默认构造 Base2:b2=0
    默认构造 Base1:b1=0
    默认构造 Derive.

    创建派生类对象 obj2(1,2,3,4):
    构造 Base2:b2=2
    构造 Base1:1
    默认构造 Base3：
    默认构造 Base3：
    构造 Base2:b2=4
    构造 Base1:3
    构造 Derive.

    析构 Derive.
    析构 Base1:b1=3
    析构 Base2:b2=4
    析构 Base3：
    析构 Base3：
```

```
析构 Base1:b1=1
析构 Base2:b2=2

析构 Derive.
析构 Base1:b1=0
析构 Base2:b2=0
析构 Base3：
析构 Base3：
析构 Base1:b1=0
析构 Base2:b2=0
```

7.4　虚　基　类

7.4.1　二义性

通常情况下，派生类对象对基类访问应该是唯一的。然而多重继承或间接继承的出现就有可能造成访问不唯一的现象，这种情况我们称之为二义性。

【例 7-7】　二义性程序。

```cpp
#include <iostream>
using namespace std;
class Aa
{
  public:
      void show() { cout<<"I am Tom."<<endl; }
};
class Bb
{
  public:
      void show() { cout<<"I am Tony."<<endl; }
};
class Cc: public Aa,public Bb
{
  public:
      Cc(){}
      ~Cc(){}
};
int main()
{
      Cc C1;
```

```
        C1.show();
        return 0;
    }
```

　　分析：当对这个例子进行编译时，编译器会出现报错语句：对"show"的访问不明确。报错原因就是 class Cc 在继承时同时从 class Aa 和 class Bb 以公有继承的方式继承了 class Aa 和 class Bb 各自的公有函数 show()，而当派生类 Cc 对象 C1 调用 show() 函数时系统不知道 C1 该调用 Aa 的 show() 还是 Bb 的 show()，系统报错。

　　为解决上述问题，可以利用作用域运算符"::"直接通过基类名进行限定。具体实现代码如下：

```cpp
#include <iostream>
using namespace std;
class Aa{
public:
    void show(){
        cout<<"I am Tom."<<endl;
    }
};
class Bb{
public:
    void show(){
        cout<<" I am Tony."<<endl;
    }
};
class Cc: public Aa, public Bb{
public:
    Cc(){}
    ~Cc(){}
};
int main(){
    Cc C1;
    C1.Aa::show();
    return 0;
}
```

　　注意：当派生类中和基类中都拥有相同名字的公有函数，通过派生类对象调用访问该同名函数时，派生类内部的同名函数会自动屏蔽基类的同名函数，所以调用结果为派生类自身的同名函数。

7.4.2　虚基类

　　如果继承方式是 A 类派生出 A1 类和 A2 类，A1 类和 A2 类又共同派生出 A3 类，则这种继承方式称之为菱形继承。A3 会通过基类 A1 和 A2 获得间接基类 A 的两个副本。这不仅造成冗余，而且易产生二义性问题。

因此，可以把类族中一些派生类的共同基类设置为虚基类，这样就确保了派生类中只有虚基类成员的一个副本。声明虚基类的语法形式是：

class 派生类名：virtual 继承方式 基类名

【例 7-8】 虚基类。

```cpp
#include <iostream>
using namespace std;
class A
{
    public:
        A(int x0)
        {
            a = x0;
            cout << "Call A:a=" << a << endl;
        }
    private:
        int a;
};
class A1:virtual public A
{
public:
        A1(int x0,int x1):A(x0)//对虚基类进行初始化
        {
            a1 = x1;
            cout << "Call A1:a1=" << a1 << endl;
        }
private:
        int a1;
};
class A2:virtual public A
{
public:
        A2(int x0,int x2):A(x0)
        {
            a2 = x2;
            cout << "Call A2:a2=" << a2 << endl;
        }
private:
```

```
        int a2;
    };
    class A3:public A1, public A2
    {
    public:
        A3(int x0, int x1, int x2, int x3):A(x0), A1(x0,x1), A2(x0,x2)
        {
            a3 = x3;
            cout << "Call A3:a3=" << a3 << endl;
        }
    private:
        int a3;
    };
    int main()
    {
        A3 obj(12,18,28,58);
        return 0;
    }
```

程序运行结果：

```
    Call A:a=12
    Call A1:a1=18
    Call A2:a2=28
    Call A3:a3=58
```

　　分析：在该例中，基类 A 为虚基类，A1 和 A2 是在虚基类 A 的基础上派生出来的派生类，而类 A1 和类 A2 同时也是类 A3 的基类。建立类 A3 对象 obj 时需要调用类 A 的构造函数对基类 A 中继承的成员初始化，同时还需要调用类 A1 和类 A2 的构造函数，而构造函数 A1、A2 的初始化列表中也包含了对基类的初始化，这样似乎从虚基类继承的成员被初始化了 3 次。但由于 A 被定义为虚基类，根据虚基类构造函数的调用规则，类 A1 和 A2 对构造函数 A 的调用被系统自动忽略了，而只有派生类 A3 的构造函数调用了虚基类的构造函数。

7.5　赋值兼容规则

　　赋值兼容规则是指在程序中任何基类对象都可以用公有派生类对象进行替代。在公有继承中，派生类继承了基类中除构造函数和析构函数之外的所有成员函数，因此公有继承后的派生类就拥有了基类所具有的所有功能，于是基类可以解决的问题派生类也能够解决。例如：

```
    #include <iostream>
    using namespace std;
```

```
class A
        {…};
class B:public A
        {…};
int main()
{
    A a, *ap;
    B b, *bp;
    return 0;
}
```

依据赋值兼容规则可以进行如下更改：

(1) 可以用派生类对象给基类对象赋值。

```
a = b;
```

(2) 可以用派生类对象初始化基类对象的引用。

```
A &p = b;
```

(3) 可以用派生类对象的地址给基类类型的指针赋值。

```
p = &b;
```

【例 7-9】 赋值兼容规则的例子。

```
#include<iostream>
using namespace std;
class A
{
    public:
        int i;
        A(int x)
        {
            i = x;
        }
        void print()
        {
            cout << "Call A" << i << endl;
        }
};

void function(A *ptra)
{
    ptra -> print();
}
```

```cpp
class B:public A
{
    public:
        B(int x):A(x){ }
        void print()
        {
            cout << "Call B" << i << endl;
        }
};
int main()
{
        A a1(10), *p;
        B b1(20);
        B b2(30);
        B b3(40);
        a1.print();
        a1 = b1;
        a1.print();
        A &a2 = b2;
        a2.print();
        A *a3 = &b3;
        a3 -> print();
        A a4(200);
        p = &a4;
        function(p);
        B b4(50);
        p = &b4;
        function(p);
        B *b5 = new B(60);
        A *a5 = b5;
        a5 -> print();
        delete b5;
        return 0;
}
```

程序运行结果：

```
Call A10
Call A20
Call A30
Call A40
```

```
        Call A200
        Call A50
        Call A60
```

7.6　程序实例——人事信息管理程序的改进(1)

　　在实际应用中，公司员工可能分为多个不同的工种，例 6-14 单靠一个 Employee 类无法表示所有的工种，需要为每个工种设计不同的类。本例基于 Employee 类构造派生类，设计了技术员 Technician 类和销售员 Salesman 类来实现两个工种人事信息管理功能。管理功能包括添加人事信息、更改人事信息、查看人事信息等。如果在实际中还需要添加其他工种，只需要再从 Employee 类派生即可。

　　【例 7-10】　编写程序实现多工种的人事信息管理。

```cpp
//Employee.h
#pragma once
#include<string>
#include <iostream>
using namespace std;

class Employee
{
protected:
    int lognumber;                              //编号
    string name;                                //名字
    string idnumber;                            //身份证号码
    int sex;                                    //性别
    string department;                          //所在部门
    int role;                                   //工种
public:
    Employee(void){}                            //定义默认的默认构造函数
    Employee(int amount, string tname, string tid,
    int tsex, string tdepart)
    :lognumber(amount), name(tname), idnumber(tid), sex(tsex),
    department(tdepart){}                       //定义带参数的构造函数
    ~Employee(void){}                           //定义默认的析构函数

    void show();                                //查看信息函数
    void alter();                               //更改信息函数
    void add(const int &amount);                //添加信息函数
```

```
        string getName(){ return name; }                    //获取名字函数
};

//Employee.cpp
#include "Employee.h"

void Employee::show()                                    //查看信息函数
{
        cout << lognumber << "\t" << name << "\t" << idnumber << "\t";
        if(sex == 1)
        {
                cout << "男\t";
        }
        else
        {
                cout << "女\t";
        }
        cout << department << endl;
}

void Employee::alter()                                   //更改信息函数
{
        cout << "请按照以下格式输入新信息" << endl;
        cout << "姓名" << " " << "身份证号" << " " << "性别(0 女 1 男)" << " " << "部门" << endl;
        string tname, tid, tdepart;
        int tsex;
        cin >> tname >> tid >> tsex >> tdepart;
        name = tname;
        idnumber = tid;
        sex = tsex;
        department = tdepart;
        cout << "成功修改数据！" << endl;
}

void Employee::add(const int &amount)                    //添加信息函数
{
        cout << "请按照下列格式输入信息" << endl;
        cout << "姓名" << " " << "身份证号" << " " << "性别(0 女 1 男)" << " " << "部门" << endl;
```

```cpp
        string tname, tid, tdepart;
        int tsex;
        cin >> tname >> tid >> tsex >> tdepart;
        lognumber = amount;
        name = tname;
        idnumber = tid;
        sex = tsex;
        department = tdepart;
        cout << "成功存入数据！现有["<< amount <<"]条数据" << endl;
}
// Salesman.h  销售员类
#pragma once
#include "Employee.h"


class Salesman : public Employee
{
private:
        float sale;                             //月销售额
        float rate;                             //提成率


public:
        Salesman(void){ role = 0; }
        ~Salesman(void){ }


        void show();                            //查看信息函数
        void alter();                           //更改信息函数
        void add(const int &amount);            //添加信息函数
};
// Salesman.cpp
#include "Salesman.h"
void Salesman::show()                           //查看信息函数
{
        cout << lognumber << "\t" << name << "\t" << idnumber << "\t";
        if(sex == 1)
        {
                cout << "男\t";
        }
        else
        {
```

```
            cout << "女\t";
        }
        cout << department << "\t";
        cout << sale << "\t";
        cout << "销售员" << endl;
    }


    void Salesman::alter()                          //更改信息函数
    {
        cout << "请按照以下格式输入新信息" << endl;
        cout << "姓名" << " " << "身份证号" << " " << "性别(0 女 1 男)" << " " << "部门" << " " << "
    月销售额" << " " << "提成" << endl;
        string tname, tid, tdepart;
        int tsex;
        float tsale, trate;
        cin >> tname >> tid >> tsex >> tdepart >> tsale >> trate;
        name = tname;
        idnumber = tid;
        sex = tsex;
        department = tdepart;
        sale = tsale;
        rate = trate;
        cout << "成功修改数据！" << endl;
    }


    void Salesman::add(const int &amount)           //添加信息函数
    {
        cout << "请按照下列格式输入信息" << endl;
        cout << "姓名" << " " << "身份证号" << " " << "性别(0 女 1 男)" << " " << "部门" << " " << "
    月销售额" << " " << "提成" << endl;
        string tname, tid, tdepart;
        int tsex;
        float tsale, trate;
        cin >> tname >> tid >> tsex >> tdepart >> tsale >> trate;
        lognumber = amount;
        name = tname;
        idnumber = tid;
        sex = tsex;
        department = tdepart;
```

```
            sale = tsale;
            rate = trate;
            cout << "成功存入数据！现有["<< amount <<"]条销售员数据" << endl;
    }
// Technician.h  技术员类
#pragma once
#include "Employee.h"


class Technician : public Employee
{
private:
        float worktime;                            //工时
        float salary;                              //时薪


public:
        Technician(void);
        ~Technician(void);


        void show();                               //查看信息函数
        void alter();                              //更改信息函数
        void add(const int &amount);               //添加信息函数
};
// Technician.cpp
#include "Technician.h"


void Technician::show()                            //查看信息函数
{
        cout << lognumber << "\t" << name << "\t" << idnumber << "\t";
        if(sex == 1)
        {
                cout << "男\t";
        }
        else
        {
                cout << "女\t";
        }
        cout << department << "\t";
        cout << salary << "\t" ;
        cout << "技术员" << endl;
```

```cpp
}

void Technician::alter()                        //更改信息函数
{
    cout << "请按照以下格式输入新信息" << endl;
    cout << "姓名" << " " << "身份证号" << " " << "性别(0 女 1 男)" << " " << "部门" << " " << "工时" << " " << "时薪" << endl;
    string tname,tid,tdepart;
    int tsex;
    float tworktime, tsalary;
    cin >> tname >> tid >> tsex >> tdepart >> tworktime >> tsalary;
    name = tname;
    idnumber = tid;
    sex = tsex;
    department = tdepart;
    worktime = tworktime;
    salary = tsalary;
    cout << "成功修改数据！" << endl;
}

void Technician::add(const int &amount)          //添加信息函数
{
    cout << "请按照下列格式输入信息" << endl;
    cout << "姓名" << " " << "身份证号" << " " << "性别(0 女 1 男)" << " " << "部门" << " " << "工时" << " " << "时薪" << endl;
    string tname,tid,tdepart;
    int tsex;
    float tworktime, tsalary;
    cin >> tname >> tid >> tsex >> tdepart >> tworktime >> tsalary;
    lognumber = amount;
    name = tname;
    idnumber = tid;
    sex = tsex;
    department = tdepart;
    worktime = tworktime;
    salary = tsalary;
    cout << "成功存入数据！现有["<< amount <<"]条技术员数据" << endl;
}
// main.cpp
```

```cpp
#include "Technician.h"
#include "Salesman.h"


//创建 50 个 Technician 对象
Technician TechniciansData[50];
//创建 50 个 Salesman 对象
Salesman SalesmenData[50];
//修改指定的技术员信息
inline string alter(Technician tlogdate[], const int &n)
{
        string s;
        cout << "请输入要修改的名字" << endl;
        cin >> s;
        int i;
        for (i = 0; i < n; i++)
        {
                if(tlogdate[i].getName() == s)
                {
                        tlogdate[i].alter();
                        return "修改成功";
                }
        }
        return "名字不存在！";
}


//修改指定的销售员记录
inline string alter(Salesman tlogdate[], const int &n)
{
        string s;
        cout << "请输入要修改的名字" << endl;
        cin >> s;
        int i;
        for (i = 0; i < n; i++)
        {
                if(tlogdate[i].getName() == s)
                {
                        tlogdate[i].alter();
                        return "修改成功";
                }
```

```
        }
        return "名字不存在！";
}


int main(void)
{
        //创建 Technician 记录信息条数的变量
        int TechCOUNT = 0;
        //创建 Salesman 记录信息条数的变量
        int SalesmanCOUNT = 0;

        int op,i;
        while(1)
        {
                cout << "请输入操作号" << endl;
                cout << "1-新增技术人员数据" << "\n" << "2-更改技术人员数据"
                    << "\n" << "3-列出所有技术人员数据"
                    << "\n" << "4-新增销售人员数据" << "\n" << "5-更改销售人员数据" << "\n" <<
                "6-列出所有销售人员数据" << "\n" << "7-退出系统"
                    << endl;
                cin>>op;
                switch(op)
                {
                case 1:
                        TechniciansData[TechCOUNT].add(TechCOUNT+1);
                        TechCOUNT++;
                        break;
                case 2:
                        cout << alter(TechniciansData,TechCOUNT) << endl;
                        break;
                case 3:
                        cout << "编号" << "\t" << "姓名" << "\t" << "身份证号"
                            << "\t" << "性别" << "\t" << "所在部门"
                            << "\t" << "工时" << "\t" << "时薪"
                            << "\t" << "工种" << endl;
                        for (i = 0; i < TechCOUNT; i++) TechniciansData[i].show();
                        break;
                case 4:
                        SalesmenData[SalesmanCOUNT].add(SalesmanCOUNT+1);
```

```
            SalesmanCOUNT++;
            break;
        case 5:
            cout << alter(SalesmenData,SalesmanCOUNT) << endl;
            break;
        case 6:
            cout << "编号" << "\t" << "姓名" << "\t"<< "身份证号"
                << "\t" << "性别" << "\t" << "所在部门" << "\t"
                << "月销售额" << "\t" << "提成" << "\t" << "工种" << endl;
            for (i = 0; i < SalesmanCOUNT; i++)
                SalesmenData[i].show();
            break;
        default:
            exit(0);
        }
    }
    return 0;
}
```

在本例中，对 Technician 类和 Salesman 类的数据进行了分组管理，在 main.cpp 中为每组数据都定制了相应的 alter 函数用来处理数据。可以看到两个 alter 函数的函数体代码一样，只有传入的参数类型不同。另外，Employee 类没有用于实例化对象，所有的员工数据都使用了派生类来生成对象。Employee 类仅仅是作为各员工类的基类来使用，其各个成员函数都不会被调用到。因此这些代码都被认为是冗余的，这种情况在派生类的设计中经常见到，可以使用虚函数和抽象类等技术进行精简处理，会在下一章节中涉及。

 本 章 小 结

继承是实现代码复用的重要机制，通过继承可以方便地使用已有的基类成员。在本章中，重点介绍了继承的基本概念，定义派生类的方法以及通过不同权限进行继承时派生类中继承成员的操作方法。此外，还说明了派生类中构造函数和析构函数的定义和使用。同时介绍了多重继承及在继承过程中可能产生的二义性问题，通过采用虚基类可以消除二义性。最后对派生类对象与基类对象之间的赋值兼容规则进行了介绍。

 习题

1. 对本章的人事管理系统继续进行改进，派生出一个新的类——人员信息高级管理系

统。在原来的基础上新增删除人员信息功能，需运用友元、虚基类来编写。

2. 编写一个学生和教师数据的输入和显示程序，学生数据有编号、姓名、班号和成绩，教师数据有编号、姓名、职称和部门。要求将编号、姓名数据输入和显示设计成一个类 person，并作为学生数据操作类 student 和教师数据操作类 teacher 的基类。

3. 声明一个图形基类 Shape，在它的基础上派生矩形类 Rectangle 和圆形类 Circle，它们都有计算面积和周长、输出图形信息等成员函数，再在 Rectangle 类的基础上派生出正方形类 Square。编写程序完成各类的定义和实现，以及类的使用。

4. 定义一个日期类 Date 和一个时间类 Time，分别用于表示年、月、日和时、分、秒，在此基础上再定义一个带日期的时间类 TimeWithDate，并编写主函数测试所定义的类结构。

5. 某销售公司有销售经理和销售员工，月工资的计算办法是：销售经理的底薪为4000元，并将销售额的2/1000作为提成；销售员工无底薪，只提取销售额的5/1000作为工资。编写程序：

(1) 定义一个基类 Employee，它包含3个数据成员 number (职员编号)、name (姓名)和 salary (工资)，以及用于输入编号和姓名的构造函数。

(2) 由 Employee 类派生 Salesman 类。Salesman 类包含两个新数据成员 commrate(提成比例)和 sales(销售额)，还包含用于输入销售额并计算销售员工工资的成员函数 pay()和用于输出的成员函数 print()。

(3) 由 Salesman 类派生 Salesmanager 类。Salesmanager 类包含新数据成员 monthlypay(底薪)，以及用于输入销售额并计算销售经理工资的成员函数 pay()和用于输出的成员函数 print()。

(4) 编写 main 函数，测试所设计的类结构，并求若干个不同员工的工资。

第8章 多 态 性

多态性是面向对象程序设计的重要特征之一。多态性是指相同的操作作用于不同类型的对象时产生不同的行为，这里的操作是指对函数的调用。函数根据对象的类型不同产生了不同的响应，相同代码在运行时呈现了多种形态。多态性机制不仅增加了程序模块的灵活性，减少了代码冗余，而且显著提高了软件的可重用性和可扩展性。

8.1　多态性概述

多态性是指同样的操作会根据不同类型的对象产生不同的响应。所谓操作，是指函数的调用，不同的行为是指函数的不同实现，也就是调用了与不同类型对象匹配的函数。事实上，在程序设计中经常在使用多态的特性。最简单的例子就是运算符，使用同样的加号"+"，就可以实现整型数之间、浮点数之间、双精度浮点数之间的加法运算以及这几种数据类型混合的加法运算。同样的消息(比如相加)，被不同类型的对象(即变量)接收后，不同类型的变量采用不同的方式进行加法运算。如果是不同类型的变量相加，例如浮点数和整型数，则要先将整型数转换为浮点数，然后再进行加法运算，这就是典型的多态现象。

在 C++ 中可以对不同的函数体标识相同的函数名，不同类型的对象在访问同名函数时，系统根据对象类型自动匹配相应的函数体，这样就可以达到用同样的接口访问不同功能的函数，从而实现"一个接口，多种方法"的效果。

面向对象程序设计的多态可以分为四类：重载多态、强制多态、包含多态和参数多态。重载多态和强制多态统称为专用多态，包含多态和参数多态统称为通用多态。

(1) 重载多态：普通函数和类的成员函数可以在形参类型或形参个数不同的情况下重载。

(2) 强制多态：将一个变量的类型进行强制性改变，以符合某一个特定函数或者操作的要求。例如，浮点数与整型数进行相加操作，需要先对整型数进行强制类型转换，这就属于强制多态。

(3) 包含多态：是类族中定义于不同类中的同名成员函数的多态特性，主要通过虚函数实现。

(4) 参数多态：在第 9 章中将要介绍的类模板就是一个参数化的模板，在使用时候根据不同类型进行实例化而产生参数多态。

本章重点介绍重载多态和包含多态两种形式。

8.2 联 编

源程序的执行需要经过编译、连接，然后把可执行代码联编在一起，最后运行产生结果。根据联编发生的时机可分为静态联编(Static Binding)和动态联编(Dynamic Binding)。在程序运行前的编译阶段完成的称为静态联编；在程序运行时才完成的称为动态联编。

8.2.1 静态联编

静态联编要求在程序编译时就将函数的执行体确定下来。静态联编支持的多态性称为编译时多态性。这种联编的函数调用速度快、执行效率高。在 C++中，编译时多态性是通过函数重载和模板来实现的。

利用函数重载机制，在调用同名的函数时，编译阶段根据实参的实际情况自动匹配所调用的是同名函数中的哪一个函数体。

利用函数模板机制，编译系统根据模板参数类型实例化生成相应的函数。

利用类模板机制，编译系统根据模板实参的具体情况确定所要定义的是哪个类的对象并生成相应的类实例。

【例 8-1】 静态联编。

```cpp
#include <iostream>
using namespace std;
class shape
{
  public:
      void draw(){cout<<"This is a shape."<<endl;}
      void function() {draw();};
};

class rectangle:public shape
{
  public :
      void draw()
      {
          cout<<"This is a rectangle."<<endl;
      }
};
int main()
{
      rectangle oneShape;
      oneShape.function();
```

```
        return 0;
    }
```
程序运行结果：

  This is a shape.

分析：当程序执行到 oneShape.function()的时候，会进入 shape 类的 function 函数，并调用 shape 类中的 draw 函数，因此结果输出为"This is a shape."。这些函数代码的调用都是在编译时就已经确定了。

8.2.2 动态联编

动态联编是指系统在运行时动态选择执行哪种操作的方式。这种联编方式需要程序运行时根据运行环境动态匹配。动态联编支持的多态性称为运行时多态性，这种联编提供了更好的灵活性、问题抽象性和程序易维护性。在 C++中，运行时多态性是通过继承和虚函数类来实现的。为了通过动态联编方式达到运行时多态性的效果，通常都是用指向基类的指针来调用派生类的虚函数。

【例 8-2】 动态联编举例。

```cpp
#include <iostream>
using namespace std;

class shape
{
public:
    virtual void draw() {cout << "This is a shape." << endl;}
    //这里设定了 draw 是虚函数
    void function() {draw();}
};

class rectangle:public shape
{
public :
    void draw() {cout << "This is a rectangle." << endl;}
};

int main()
{
    rectangle oneShape;
    oneShape.function();
    return 0;
}
```

程序运行结果：

> This is a rectangle.

分析：当程序执行到 oneShape.function();语句时，会进入 Shape 类的 function 函数，从而调用 function 函数中的 draw()函数。因为 draw()函数为虚函数，在 rectangle 类中也定义了同名函数，因此系统会根据调用 function()函数的类对象类型来决定执行哪个 draw()虚函数。在本例中，oneShape 是 rectangle 的类对象，因此 rectangle 类中的 draw()函数被动态调用。

8.3　运算符重载

8.3.1　运算符重载的方法及规则

运算符重载是对已有的运算符赋予多重含义，使同一个运算符作用于不同类型的数据时可以产生不同的行为。

在 C++程序编写时，经常会遇到类似于直接输出一个点的坐标这样的问题，但在之前的学习中为了输出这个点的坐标需要先设置两个变量(假设为 a 和 b)，然后分别给 a 和 b 赋值，再用 "cout << "(" << a <<"," << b <<")";" 语句进行输出。但是，如果需要大量运用坐标输出时都书写这样一个语句，这样代码利用率就变得非常低而且十分麻烦。为了简化对坐标的是输出操作，可以对运算符 "<<" 进行重载，让 cout 能够直接输出类似(2,3)这样的坐标，这就是运算符重载。

1. 运算符重载的方法

运算符的重载形式有两种：重载为类的成员函数和重载为类的友元函数。

(1) 运算符重载为类的成员函数的一般语法形式为：

> 函数返回类型　operator　运算符(形参表)
> {
> 　　//函数体
> }

(2) 运算符重载为类的友元函数，可以在类中声明友元函数的原型，在类体外实现，也可以在类体中实现：

> friend　函数返回类型　operator　运算符(形参表)
> {
> 　　//函数体
> }

2. 运算符重载的规则

(1) 重载后的操作符，至少有一个操作数是用户定义的新类型。

(2) 不能违反操作符的句法规则，比如用 "+" 符号计算两个对象的差。

(3) 不能定义新的操作符符号，要使用原有的。

(4) 有一些操作符是不能被重载的，但是绝大部分的算术运算符和逻辑运算符都可以重载。不能重载的 C++运算符有："."、"*"、"::"、"?:" 和 "sizeof"。

(5) 重载运算符后，运算符的优先级和结合性都不会改变。

8.3.2　运算符重载为成员函数

运算符重载的实质即为函数重载，将其转化为成员函数之后，该运算符就可以自由访问本类的所有成员。在实际使用中，总是通过该类的某个对象来访问重载的运算符成员函数。

对于双目运算符而言，其左操作数一定为本身，由 this 指针指出，右操作数通过运算符重载函数的参数列表进行传递。

用成员函数重载双目运算符的一般格式如下：

```
返回值类型 operator 双目运算符 (参数列表)
{
    //函数体;
}
```

对于单目运算符而言，单目运算符又可以分为前置单目运算符和后置单目运算符。其格式如下：

(1) 前置单目运算符：

```
返回值类型 operator 单目运算符()
{
    //函数体;
}
```

(2) 后置单目运算符：

```
返回值类型 operator 单目运算符(int)
{
    //函数体;
}
```

不同的运算符重载时需要注意一些细节，先从简单的双目运算符重载"+"、"−"开始。

【例 8-3】　用成员函数重载运算符——向量计算。

```cpp
#include <iostream>
using namespace std;
class Vec{
private:
    float x;
    float y;
public:
    Vec();
    Vec(float,float);
    Vec operator+ (Vec in);        //重载操作符 "+"
    Vec operator- (Vec in);        //重载操作符 "−"
    void show();                   //显示函数
```

```
};

Vec::Vec(){
        x = 0; y = 0;
}
Vec::Vec(float a, float b){
        x = a ; y = b;
}
Vec Vec::operator+ (Vec in){
        Vec temp;
        temp.x = in.x + x;
        temp.y = in.y + y;
        return temp;
}
Vec Vec::operator- (Vec in){
        Vec temp;
        temp.x = x - in.x;
        temp.y = y - in.y;
        return temp;
}
void Vec::show(){
        cout << "(" << x << "," << y << ")" << endl;
}
int main(){
        Vec A(1, 2), B(2, 2);
        Vec C = A + B;          //使用了重载操作符 "+"
        Vec D = A - B;          //使用了重载操作符 "–"
        C.show();
        D.show();
        return 0;
}
```

程序运行结果：

```
(3,4)
(-1,0)
```

上述例子中，重载操作符究竟是如何工作的呢？

可以注意到操作符重载是作为类的成员函数，所以当程序执行到 C = A + B 时，实际上等价于调用了 C = A.operator+ (B)，同理被重载的 "–" 运算符执行的是 D = A.operator–(B)。

对于单目运算重载，例如 "++"、"--" 运算符也可以进行重载。

假设给向量一种自增操作，定义为向量(x,y)++ 等价于(x+1,y+1)，通过重载 "++" 运算符来实现。但是通过学习 C 语言可知"++"运算符在变量前、后位置不同时计算步骤会有不同。当重载这种操作符时，要注意前后位置不同的写法之间的区别。

【例 8-4】 操作符 ++ 重载——向量计算。

```
#include <iostream>
using namespace std;
class Vec{
private:
        float x;
        float y;
public:
        Vec();
        Vec(float,float);
        Vec operator++ ();                //重载操作符 实现 ++Vec 对象
        Vec operator++ (int);             //重载操作符 实现 Vec 对象++
        void show();
};

Vec::Vec(){
        x = 0; y = 0;
}
Vec::Vec(float a , float b){
        x = a ; y = b;
}
Vec Vec::operator++(){
        x++; y++; return *this;
}
Vec Vec::operator++(int a){
        Vec temp = *this;
        x++; y++;
        return temp;
}

void Vec::show(){
        cout << "(" << x << "," << y << ")" << endl;
}
int main(){
        Vec A(1, 2);
        Vec C = A++;
        C.show();
```

```
        A.show();
        Vec D = ++A;
        D.show();
        A.show();
        return 0;
    }
```
程序运行结果：
```
    (1, 2)
    (2, 3)
    (3, 4)
    (3, 4)
```
可以看到 C = A++ 时，A 先把值给了 C，然后进行了自增，而 ++A 则是先进行了自增，然后将值给了 D。

细心的读者可能发现重载后置的"++"时，operator 参数列表里的 int 变量 a 并没有用，这个变量 a 叫做哑元，并不发挥作用，只是给编译器区别是前置的"++"还是后置的"++"所设立的。

8.3.3　运算符重载为友元函数

运算符不仅可以重载为成员函数还可以重载为友元函数，与重载为成员函数一样，重载为友元函数也可以自由访问本类的所有成员。而与前者不同的是，运算符重载为友元函数所需要的操作都需要通过函数的形参来传递，在参数列表中参数从左到右即为运算符操作的顺序。

用友元函数重载运算符的一般格式如下：
```
    friend 返回值类型 operator 单目运算符()(参数列表)
    {
        //函数体;
    }
```
为什么需要友元函数？

通过学习已知只有成员函数才能够访问类的私有成员，而大多数时候不同的类之间会产生各种各样的交互，这些交互都将涉及操作类的私有成员，在开发时不可能把将来可能的情况都写成成员函数以备使用。这时候需要一种不是类的成员函数，但是却能够访问类的私有成员的函数，即友元函数。

首先看这个具体的例子，该例为向量类重载"*"运算符，定义为一个整数乘以一个向量的二元运算符。

【例 8-5】　重载运算符*——向量类的实现。
```
    #include <iostream>
    using namespace std;
    class Vec
```

```cpp
{
    private:
        float x;
        float y;
    public:
        Vec();
        Vec(float,float);
        Vec operator* (int);        //重载操作符实现 Vec 对象 "*" 正整数
        void show();
};

Vec::Vec()
{
    x = 0; y = 0;
}

Vec::Vec(float a , float b)
{
    x = a ; y = b;
}

Vec Vec::operator* (int a)
{
    x *= a;
    y *= a;
    return *this;
}

void Vec::show()
{
    cout << "(" << x << "," << y << ")" << endl;
}
int main()
{
    Vec A(1,2);
    A.show();
    A = A * 3;
    A.show();
    return 0;
}
```

程序运行结果：

> (1, 2)
>
> (3, 6)

上述例子重载了操作符"*"，让向量类对象能够和正整数直接相乘，"A = A*3"等价于调用"A = A.operator* (3);"。

上例看似完整地解决了这个问题，事实上如果将语句"A = A*3;"改写为"A = 3*A;"，在数学领域中，这两个式子含义一样，都表示一个向量的 3 倍，但是在编译时却报错了，因为编译器找不到这样的函数原型能使类似 int * Vec 进行操作，重载成员其左操作数一定为其本身函数。为此可以设立友元进行实现该需求。

定义一个友元函数如下：

> friend Vec operator* (int a, Vec in);

这样，在编译语句"A = 3*A;"时，编译器将会匹配原型"A = operator*(3, A);"。

【例 8-6】 友元函数重载操作符——向量类的实现。

```cpp
#include <iostream>
using namespace std;
class Vec
{
private:
        float x;
        float y;
public:
        Vec();
        Vec(float, float);
        friend Vec operator* (int, Vec);
        void show();
};
Vec::Vec()
{
        x = 0; y = 0;
}
Vec::Vec(float a , float b)
{
        x = a ; y = b;
}

void Vec::show()
{
        cout << "(" << x << "," << y <<    ")"<< endl;
        return ;
```

```
        }
        Vec operator* (int a , Vec in)
        {
            Vec temp;
            temp.x = a * in.x;
            temp.y = a * in.y;
            return temp;
        }
        int main()
        {       Vec A(1, 2);
                A.show();
                A = 3 * A;
                A.show();
                return 0;
        }
```

程序运行结果:

```
    (1, 2)
    (3, 6)
```

上述例子虽与例 8-5 结果一致，但是用了友元函数进行操作符重载。

为什么一定要用友元函数进行重载，而不直接使用成员函数类似 "Vec operator* (int a , Vec in);" 来实现同样的功能呢？注意，类的成员函数只能被本类的对象调用，重载运算符的左操作数一定为该类对象本身。而友元函数不是类的成员函数，不是该类的对象也能调用。

如果声明一个成员函数来实现此功能，当执行 "A = 3 * A;" 语句时，此时会认为编译器会让它和原型 "Vec Vec::operator* (int,Vec);" 匹配。编译器会认为这个原型是专属于 Vec 类的，而表达式中的 3*A 虽然符合了 int*A，但是没有一个 Vec 对象来进行调用，编译器反而会提醒是不是多写了参数。而友元函数不存在这样的问题，只要函数声明为类的友元，就能够在不是成员函数的情况下访问类的私有对象。友元函数调用不需要条件，这就是为什么编译器能匹配它的原因。

学会了友元函数的操作符重载，输出向量类实现起来就容易多了。上例中输出向量的方式是使用成员函数 show()，要直接执行 "cout << A << endl ;" 语句，就可以通过重载输出运算符得到输出的效果，类似输出一个 int 变量一样。首先要知道，cout 也是一个对象，是一个 ostream 类的对象，这个类的定义在 iostream.h 中，ostream 类重载了 "<<" 操作符，通过它的对象可以输出 int、float 等基础数据类型。不用去修改 ostream 类的内部定义，让它支持 Vec 类，可以在 public 中定义 Vec 的友元，来告诉编译器应该怎么做。类似:

```
        friend   ostream & operator << (ostream & out , Vec in)
        {
            out << in.x << in.y;
            return out;
        }
```

这样就能够直接写"cout << A << endl;"这样的语句了。

注意：虽然这个函数是 Vec 类的友元函数，但并不是 ostream 类的友元，因为它在 ostream 类中没有声明。

操作符重载是一个非常好的特性，可以方便使用类进行计算，但要注意以下几点：

(1) 重载后的操作符至少有一个操作数是用户指定的类型(不能都是 C++基本类型)。例如，可以重载 Time 类和一个 int 值的加法运算，但不能重载 int 类型与 int 类型相加的情况，不能出现类似"int operator + (int x)"这样的语句，这会让编译器产生矛盾从而报错。

(2) 使用重载操作符时不要违反原来该运算符的要求规则，例如重载加法运算符之后，不要出现把它当作单目运算符的情况，不要出现以下这样的语句：

    Time A,B;

    +A;

    +B;

加法要求两端均有操作数才有意义，而不是只有一端有操作数。

(3) 不要自己创造操作符，不能重载不是 C++操作符的字符，如"￥"、"@"等。

(4) 有些操作符不能够被重载，如条件运算符":?"、作用域解析运算符"::"。

(5) 可以使用成员函数和友元函数重载运算符，但有些运算符只能用成员函数进行重载，比如赋值运算符。

(6) 重载"++"、"- -"这样的运算符时，注意重载运算符在操作数前和后的意义并不相同。

8.4 虚 函 数

虚函数是动态绑定的基础，其必须为非静态的成员函数。虚函数经过派生在类族内部可以实现运行时的多态。

8.4.1 虚函数的定义及使用

虚函数是在基类中添加"virtual"关键字并且在派生类中重新定义的成员函数。

虚函数的格式如下：

```
virtual  返回值类型   函数名(参数列表)
{
    //函数体;
}
```

一个函数一旦被定义为虚函数，无论该函数被继承多少层，在各派生类中该函数始终保持虚函数的特性。因此，在派生类中重新定义该函数时，可以省略关键字"virtual"，但是为了便于理解一般不省略关键字"virtual"。

【例 8-7】 虚函数的定义及使用。

```
#include<iostream>
using namespace std;
```

```cpp
class Animal{                       //基类
public:
    virtual void yielp(){
        cout << "Animal" << endl;
    }
};

class Dog:public Animal{
public:
    void yielp(){              //此处可省略 virtual 关键字，但是函数原型要与 Animal 中
                               //虚函数"void yielp();"完全一致
        cout << "Bark" << endl;
    }
};

class Cat:public Animal{
public:
    void yielp()              //此处可省略 virtual 关键字，但是函数原型要与 Animal 中
                              //虚函数"void yielp ();"完全一致
    {    //
        cout << "Meow" << endl;
    }
};

int main(){
    Dog dog;
    Cat cat;
    Animal* animal[] = {&dog, &cat};
    for(int i = 0; i < 2; i++)
        animal[i] -> yielp();
    return 0;
}
```

程序运行结果：

```
Bark
Meow
```

8.4.2　虚析构函数

　　C++中无法继承构造函数，因而无法声明虚构造函数，但是可以声明虚析构函数。析构函数没有返回值类型，因而对其进行声明时只需在析构函数前添加关键字"virtual"。这样才能保证在删除派生类对象时，析构函数被正确地调用。

虚析构函数的格式如下：

```
virtual  ~类名()
{
    //函数体;
}
```

【例 8-8】 虚析构函数。

```cpp
#include <iostream>
using namespace std;
class Base{
public:
    virtual ~Base(){
        cout << "Base destructor" << endl;
    }
};
class Derived: public Base{
public:
    Derived(){
        pointer = new int(0);
    }
    ~Derived(){
        cout << "Derived destructor" << endl;
        delete pointer;
    }
private:
    int *pointer;
};
void fun(Base *b){
    delete b;
}
int main(){
    Base *b=new Derived();
    fun(b);
    return 0;
}
```

程序运行结果：

```
Derived destructor
Base destructor
```

分析：本例中，通过基类指针删除派生类对象时调用了基类的析构函数，派生类的析构函数得到了执行。因此，派生类对象中动态分配的内存空间得到了释放。

之所以使用虚析构函数，是由于派生类有可能在基类基础上进行其他的动态分配，且派生类可能被基类的指针指向。如果不使用虚函数，释放基类指针时只能释放一部分内存，使用虚函数可以告诉编译器进行正确的释放。

　　下面举例说明使用虚析构函数和非虚析构函数的区别。

　　例 A：

```
#include <iostream>
#include <cstring>
using namespace std;

class Base{
private:
public:
    ~Base(){
        cout << "Base type free" << endl;
    }
};

class Rate : public Base{
private:
public:
    ~Rate(){
        cout << "Rate type free" << endl;
    }
};

int main(){
    Base *p1 = new Base;
    Base *p2 = new Rate;
    delete p1;
    delete p2;
    return 0;
}
```

程序运行结果：

```
Base type free
Base type free
```

　　由上例可见，p2 虽然指向了一个 Rate 类，但是这里的指针是基类指针，这样使用释放的时候，只能调用基类的析构函数，而不能正确调用 Rate 中的析构函数，有时这样会导致很大的问题，因为基类只是派生类的一部分，派生类中如果分配了新的空间，而只析构了基类，就会导致有一部分内存空间没有被释放。

下面使用虚析构函数。

例 B：

```cpp
#include <iostream>
#include <cstring>
using namespace std;


class Base{
private:
public:
    virtual ~Base(){
        cout << "Base type free" << endl;
    }
};


class Rate : public Base{
private:
public:
    virtual ~Rate(){
        cout << "Rate type free" << endl;
    }
};


int main(){
    Base *p1 = new Base;
    Base *p2 = new Rate;
    delete p1;
    delete p2;
    return 0;
}
```

程序运行结果：

```
Base type free
Rate type free
Base type free
```

　　从运行结果可以看出，使用析构虚函数以后，虽然指针类型是一个基类的类型，但是编译器会判断指向的对象是一个基类还是子类，从而正确使用各自的析构函数。

8.4.3　同名覆盖

　　在第 7 章的学习中，我们知道当派生类中和基类中都有相同名字的公有函数，再通过派生类对象调用访问该同名函数时，派生类内部的同名函数会自动屏蔽基类的同名函数，这种现象称为同名覆盖。

　　【例8-9】 同名覆盖。

```cpp
#include <iostream>
using namespace std;
class A
{
    public:
        virtual void Show()
        {
            cout<<"Class A is called"<<endl;
        }
};
class B:public A
{
    public:
        void Show()
        {
            cout<<"Class B is called"<<endl;
        }
};
int main()
{
    B b;
    b.Show();
    return 0;
}
```

　　程序运行结果：

```
    Class B is called
```

　　分析：class B 用公有继承的方式继承了 class A，基类 A 和派生类 B 内部都含有成员函数 Show()。当 class B 的对象 b 调用 Show() 时，由于同名覆盖，继承来的 Show() 就被覆盖了。于是运行结果就为派生类自带的 Show() 的内容。

8.5　纯虚函数与抽象类

　　抽象类是一种特殊的类，它为同一类族提供了统一的操作接口。抽象类自身无法声明对象而实例化，只能作为基类派生出新的派生类。因此，抽象类的建立就是为了通过它从而多态地使用其中的成员函数。

8.5.1 纯虚函数

纯虚函数是一个在基类中声明的虚函数,它在基类中只进行了函数的声明而没有定义函数的具体操作,要求各派生类依据具体需求给出相应的定义。简而言之,纯虚函数只有函数声明,没有具体实现。

纯虚函数的格式如下:

> virtual 返回值类型 函数名(参数列表) = 0;

注意:纯虚函数与虚函数的区别有以下两点:

① 纯虚函数没有函数的实现,而虚函数则带有函数的实现。

② 纯虚函数的函数末尾需要赋值为 0,而虚函数则不需要。此外,有一种函数体为空的虚函数,其并非纯虚函数,只是函数体为空而已。

【例 8-10】 纯虚函数举例。

```cpp
#include<iostream>
using namespace std;
//父类
class VirtualBase
{
public:
    virtual void Demon() = 0;            //纯虚函数
    virtual void Base()
    {
        cout << "This is father class." << endl;
    }
};

class SubVirtual:public VirtualBase            //子类
{
public:
    void Demon()
    {
        cout << "This is SubVirtual." << endl;
    }
    void Base()
    {
        cout << "This is SubClass Base." << endl;
    }
};

int main()
```

```
    {
        VirtualBase* instance = new SubVirtual();
        instance -> Demon();
        instance -> Base();
        return 0;
    }
```

程序运行结果：

This is SubVirtual.
This is SubClass Base.

8.5.2 抽象类

带有纯虚函数的类是抽象类。抽象类的作用就是通过它为一个类族建立一个公共接口，使它们发挥多态特性。

使用抽象类派生出新的派生类之后需要在派生类中给出所有纯虚函数的函数实现，所有纯虚函数都实现之后方可定义其对象，否则无法定义对象。

抽象类只能作为类族的最上层基类而无法进行实例化，但是可以定义抽象类的指针和引用。通过抽象类指针和引用可以访问派生类的对象，从而访问派生类的成员，这样的访问具有多态特性。

【例 8-11】 抽象类。

```cpp
#include <iostream>
using namespace std;
class Base
{
public:
    virtual void display() = 0;
};


class Derived1: public Base
{
public:
    void display()
    {
        cout << "Derived1::display()" << endl;
    }
};


class Derived2: public Base
{
```

```
public:
    void display()
    {
        cout << "Derived2::display()" << endl;
    }
};

void fun(Base *p)
{
    p -> display();
}

int main()
{
    Base *b;
    Derived1 d1;
    Derived2 d2;
    b = &d1;
    fun(b);
    b = &d2;
    fun(b);
    return 0;
}
```

程序运行结果：

```
Derived1::display()
Derived2::display()
```

分析：Base、Derived1、Derived2 在同一类族内部，抽象类 Base 通过纯虚函数 void display() 为派生类 Derived1、Derived2 提供了统一的公共接口。Derived1 和 Derived2 给出了 void display() 的具体实现，从而变成了非抽象类，因而可以分别定义对象 d1 和 d2。在 fun 函数中通过基类 Base 的指针 p 对派生类 Derived1 和 Derived2 的对象的成员进行了访问。

8.6　程序实例——人事信息管理程序的改进(2)

在例 7-10 中，使用派生类设计多个工种类，出现了代码冗余情况。本例将 Employee 类改进为抽象类，设置公用接口函数为抽象函数，去掉了原有的函数实现。同时，利用面向对象语言的多态性，将所有 Employee 派生类的对象数据放在一个数据结构中统一管理，设计了对所有工种派生类都适用的数据处理接口函数，并封装在一个管理类中，保证代码的简洁清晰。这样设计的好处还在于统一的数据结构和数据处理接口不但支持目前所有的

Employee 派生类，而且支持未来所有用于扩展功能的 Employee 派生类，统一管理和处理数据接口保持不变。实际人事数据和处理数据接口封装类为 DataManager 类。

【例 8-12】 多工种人事管理程序的改进。

```cpp
//Employee.h
#pragma once

#include<string>
#include <iostream>
using namespace std;

class Employee
{
protected:
        int lognumber;                          //编号
        string name;                            //名字
        string idnumber;                        //身份证号码
        int sex;                                //性别
        string department;                      //所在部门
        int role;                               //工种
public:
        Employee(void){}                        //定义默认的默认构造函数
        Employee(int amount, string tname, string tid, int tsex, string tdepart)
            :lognumber(amount), name(tname), idnumber(tid), sex(tsex),
            department(tdepart){}               //定义带参数的构造函数
        virtual ~Employee(void){}               //定义虚析构函数

        virtual void show() = 0;                //显示信息虚函数
        virtual void alter() = 0;               //更改信息虚函数
        virtual void add(const int &amount) = 0; //添加信息虚函数

        string getName(){ return name; }        //获取名字函数
        int getRole(){ return role; }           //获取工种函数
};
//Salesman
#pragma once
#include "Employee.h"

class Salesman : public Employee
{
```

```cpp
private:
    float sale;                              //月销售额
    float rate;                              //提成率

public:
    Salesman(void){ role = 1;}
    ~Salesman(void){ }

    void show();                             //显示信息函数
    void alter();                            //更改信息函数
    void add(const int &amount);             //添加信息函数
};

//Salesman.cpp
#include "Salesman.h"

void Salesman::show()                        //显示信息函数
{
    cout << lognumber << "\t" << name << "\t" << idnumber << "\t";
    if(sex == 1)
    {
        cout << "男\t";
    }
    else
    {
        cout << "女\t";
    }
    cout << department << "\t";
    cout << sale << "\t";
    cout << "销售员" << endl;
}

void Salesman::alter()                       //修改信息函数
{
    cout << "请按照以下格式输入新信息" << endl;
    cout << "姓名" << " " << "身份证号" << " " << "性别(0 女 1 男)"
        << " " << "部门" << " " << "月销售额" << " " << "提成" << endl;
    string tname, tid, tdepart;
    int tsex;
    float tsale, trate;
```

```
        cin >> tname >> tid >> tsex >> tdepart >> tsale >> trate;
        name = tname;
        idnumber = tid;
        sex = tsex;
        department = tdepart;
        sale = tsale;
        rate = trate;
        cout << "成功修改数据！" << endl;
}

void Salesman::add(const int &amount)                 //添加信息函数
{
        cout << "请按照下列格式输入信息" << endl;
        cout << "姓名" << " " << "身份证号" << " " << "性别(0 女 1 男)"
            << " " << "部门" << " " << "月销售额" << " " << "提成" << endl;
        string tname, tid, tdepart;
        int tsex;
        float tsale, trate;
        cin >> tname >> tid >> tsex >> tdepart >> tsale >> trate;
        lognumber = amount;
        name = tname;
        idnumber = tid;
        sex = tsex;
        department = tdepart;
        sale = tsale;
        rate = trate;
        cout << "成功存入数据！现有["<< amount <<"]条人员数据" << endl;
}

//Technician.h
#pragma once
#include "Employee.h"

class Technician : public Employee
{
private:
        float worktime;                               //工时
        float salary;                                 //时薪

public:
```

```cpp
        Technician(void){ role = 0; }
        ~Technician(void){ }

        void show();                        //显示信息函数
        void alter();                       //更改信息函数
        void add(const int &amount);        //添加信息函数
};


//Technician.cpp
#include "Technician.h"


void Technician::show()                     //显示信息函数
{
    cout << lognumber << "\t" << name << "\t" << idnumber << "\t";
    if(sex == 1)
    {
        cout << "男\t";
    }
    else
    {
        cout << "女\t";
    }
    cout << department << "\t";
    cout << salary << "\t" ;
    cout << "技术员" << endl;
}


void Technician::alter()                    //修改信息函数
{
    cout << "请按照以下格式输入新信息" << endl;
    cout << "姓名" << " " << "身份证号" << " " << "性别(0 女 1 男)"
        << " " << "部门" << " " << "工时" << " " << "时薪" << endl;
    string tname, tid, tdepart;
    int tsex;
    float tworktime, tsalary;
    cin >> tname >> tid >> tsex >> tdepart >> tworktime >> tsalary;
    name = tname;
    idnumber = tid;
    sex = tsex;
```

```cpp
        department = tdepart;
        worktime = tworktime;
        salary = tsalary;
        cout << "成功修改数据！" << endl;
    }


void Technician::add(const int &amount)                //添加信息函数
{
        cout << "请按照下列格式输入信息" << endl;
        cout << "姓名" << " " << "身份证号" << " " << "性别(0 女 1 男)"
            << " " << "部门" << " " << "工时" << " " << "时薪" << endl;
        string tname, tid, tdepart;
        int tsex;
        float tworktime, tsalary;
        cin >> tname >> tid >> tsex >> tdepart >> tworktime >> tsalary;
        lognumber = amount;
        name = tname;
        idnumber = tid;
        sex = tsex;
        department = tdepart;
        worktime = tworktime;
        salary = tsalary;
        cout << "成功存入数据!现有["<< amount <<"]条人员数据" << endl;
    }


//DataManager.h
#pragma once
#include "Salesman.h"
#include "Technician.h"

class DataManager
{
private:
        Employee* logdata[50];                      //统一人事数据存储数组
        int count;
    public:
        DataManager(void){                          //定义默认构造函数
            for (int i = 0; i < 50; i++)
                logdata[i] = NULL;
```

```
        count = 0;
    }
    ~DataManager(void){                    //定义默认析构函数
        for (int i = 0; i < 50; i++)
            if (logdata[i] != NULL){
                delete logdata[i];
                logdata[i] = NULL;
            }
        count = 0;
    }

    int getCount(){                        //返回员工数据个数
        return count;
    }

    void add(Employee* tData){             //添加人员数据
        logdata[count] = tData;
        logdata[count]->add(count+1);
        count++;
    }

    string alter(){                        //修改人员数据
        string s;
        cout << "请输入要修改的名字" << endl;
        cin >> s;
        for (int i = 0; i < count; i++)
        {
            if(logdata[i]->getName() == s)
            {
                logdata[i]->alter();
                return "修改成功";
            }
        }
        return "名字不存在！";
    }

    void showAll(){                        //显示所有数据
        showTechnician();
        showSalesman();
    }
```

```cpp
        void showTechnician()                        //显示所有技术人员数据
        {
              cout << "编号" << "\t" << "姓名" << "\t" << "身份证号"
                   << "\t" << "性别" << "\t" << "所在部门"
                   << "\t"<< "工时" << "\t" << "时薪" << "\t" << "工种"
                   << endl;
              for (int i = 0; i < count; i++)
              {
                    // role == 0  表示该类 Technician
                    if(logdata[i]->getRole() == 0)
                    {
                          logdata[i]->show();
                    }
              }
        }


        void showSalesman()                        //显示所有销售人员数据
        {
              cout << "编号" << "\t" << "姓名" << "\t" << "身份证号"
                   << "\t" << "性别" << "\t" << "所在部门"
                   << "\t" << "月销售额" << "\t" << "提成" << "\t" << "工种"
                   << endl;
              for (int i = 0; i < count; i++)
              {
                    // role == 1  表示该类 Salesman
                    if(logdata[i]->getRole() == 1)                    {
                          logdata[i]->show();
                    }
              }
        }
};


//main.cpp
#include "DataManager.h"
int main(void)
{
      DataManager dataManager;
      int op;
      while(1)
```

```
        {
            cout << "请输入操作号" << endl;
            cout << "1-新增技术人员数据" << "\n" << "2-更改技术人员数据"
                << "\n" << "3-列出所有技术人员数据" << "\n"
                << "4-新增销售人员数据" << "\n" << "5-更改销售人员数据"
                << "\n" << "6-列出所有销售人员数据" << "\n" << "7-退出系统"
                << endl;
            Cin >> op;
            Technician* pTechnician = NULL;
            Salesman* pSalesman = NULL;
            switch(op)
            {
            case 1:
                pTechnician = new Technician();
                dataManager.add(pTechnician);          //添加单个技术人员数据
                break;
            case 2:
                cout << dataManager.alter() << endl;
                break;
            case 3:
                dataManager.showTechnician();          //显示所有技术人员信息
                break;
            case 4:
                pSalesman = new Salesman();
                dataManager.add(pSalesman);            //添加单个销售人员数据
                break;
            case 5:
                cout << dataManager.alter() << endl;
                break;
            case 6:
                dataManager.showSalesman();            //显示所有销售人员数据
                break;
            default:
                exit(0);
            }
        }
        return 0;
    }
```

在本例中，Empolyee 类设计为抽象类。DataManager 类中的 Employee 类对象指针数组

logdata 可以用来统一管理所有员工数据；其析构函数设计为虚析构函数，从而能够让 DataManager 类统一管理所有工种派生类对象的销毁工作。除此之外，DataManager 还提供了添加人事数据和修改人事数据的接口函数，支持所有 Employee 类的派生类操作。如果要扩充新的工种类，只需要加入新的 Employee 派生类对象即可，大大简化了扩展程序的难度。

本 章 小 结

在面向对象的编程语言中，多态性是一个非常重要的概念。所谓多态，就是同一操作作用于不同的类的实例时，将产生不同的执行结果。在面向对象的编程语言中，封装使得代码模块化，继承方便用户对代码进行扩展，而多态则是为了满足接口的重用。多态可以分为编译时的多态性和运行时的多态性。编译时的多态性是通过静态联编来实现的，比如 C++ 中通过函数的重载和运算符的重载。运行时的多态性则是通过动态联编来实现的，在 C++ 中运行时的多态性主要是通过虚函数来实现的。多态的目的是为了接口重用，不论传递过来的究竟是哪个类的对象，函数都能够通过同一个接口调用到适应各自对象的实现方法。

习题

1. 为本章样例程序添加友元操作符重载，使 Vec 对象能够通过 cout 直接输出。

2. 设计一个三维的向量类，实现求模、加减法、求数量积的运算。

3. 定义一个复数类 Complex，重载运算符 "+"、"−"、"*"、"/"，使之能用于复数的加、减、乘、除运算，运算符重载函数作为 Complex 类的成员函数。编写程序，分别求两个复数之和、差、积、商。

4. 定义一个日期类 Date，包括年、月、日等私有数据成员。要求为所定义的 Date 类设计如下重载运算符函数：

    Date operator+(int days);   //返回一个日期加天数 days 后得到的日期

    Date operator- (int days);   //返回一个日期减去天数 days 后得到的日期

    int operator- (Date &b);   //返回两个日期相差的天数

5. 编程计算正方体、圆柱体和球的表面积以及它们的体积。要求抽象出一个公共的基类 Body，把它作为抽象类，在该类中定义求表面积和体积的纯虚函数。抽象类中定义一个数据成员 data，它可以作为球的半径、正方体的边长或圆柱体底面圆的半径。由这个抽象类派生出描述球、正方体和圆柱的 3 个具体类，在这 3 个类中都有计算表面积和体积的函数的具体实现。

第9章 模 板

模板是 C++语言为进一步提高代码可重用性和可维护性的一种工具。代码应该能够自动适配不同参数类型的变化，通过将程序所处理的对象类型参数化来实现参数的多态性。利用模板机制可以建立函数库和类库，从而大大提高编程效率。模板也是泛型程序设计的基础。C++语言的模板包括函数模板和类模板。本章讲述模板的概念，并分别介绍函数模板和类模板的定义及其使用，引入了 STL 泛型程序设计的相关内容，并阐述了容器、迭代器、算法和函数对象的基本应用。

9.1 模 板 概 述

函数重载为解决不同类型或不同个数的参数执行相似操作这一问题提供了较好的解决方案。程序可以根据不同的参数类型或参数个数来适配具有相同函数名的不同函数。然而，这种机制所实现的代码通用性仍不够高，多个功能相近的函数仍需重复编写。通用代码须不受数据类型和相关具体操作的限制。模板通过将类型进行参数化从而提高了代码的可重用性。模板也是 C++泛型编程中不可缺少的重要部分。C++的标准函数库提供的许多有用的函数大多结合了模板的概念。

以计算两数求和为例，这里要计算的数据可能是 int、double 两种不同类型。以下程序采用函数重载方法来实现。

【例 9-1】 定义重载函数计算两个数的和。

```
#include <iostream>
using namespace std;
int add(int a, int b)
{
    return a + b;
}
double add(double a, double b)
{
    return a + b;
}
int main()
{
    cout << "add(3,9)=" << add(3,9) << endl;
```

```
            cout << "add(3.3,9.9)=" << add(3.3,9.9) << endl;
    }
```

程序运行结果为：

```
    add(3, 9)=12
    add(3.3, 9.9)=13.2
```

上述程序定义了两个名为 add 的函数计算两数求和，它们分别针对 int、double 两种数据类型的两个参数完成相同的求和操作。

考察上述两个 add 函数，它们功能相似，只有函数的形参类型、函数的返回值类型不同，却将类似的函数体重复编写了两遍。如果函数体中的功能语句再多一些，则代码的冗余情况将非常严重。

另外，上述处理的两种数据类型只是 C++语言中的基本数据类型，而在实际问题中处理的数据类型很复杂，通常是类对象，这样如何编写适用于类对象形参的通用函数就成为编写高可复用性程序的新需求。

为解决上述问题，面向对象程序设计提供了参数化程序设计技术。对于有规律的、共同存在的部分予以保留，对变化的数据类型进行参数化，用符号"T"抽象了每个函数中变化的数据类型，对于上述完成两数相加的函数形成参数化形式如下：

```
    template<typename T>
    T add(T a, T b)
    {
            return a+b;
    }
```

这就是 C++中模板的形成，它实现了从数值的参数化到数据类型的参数化的转变，使得程序代码进一步独立于数据类型。

模板分为函数模板和类模板。函数模板实例化后为模板函数，类模板实例化后为模板类。而模板类继续实例化就是对象。

9.2 函 数 模 板

函数模板是对一族函数的统一描述，需要通过特定的形式进行定义。函数模板建立了一个通用的函数标准，其参数类型和返回类型都不具体指定，而是使用一个虚拟的类型代替。定义函数模板后，当程序调用具体函数时将实参的数据类型传递给函数模板，编译器产生适配该类型的函数，该函数的定义体与函数模板的定义体相同，称为模板函数。

9.2.1 函数模板的定义

函数模板的定义由模板说明和函数定义组成，必须以关键字 template 开始。其定义格式如下：

```
    template<类型参数表>          //模板说明
    返回类型 函数名 (形参表)       //函数定义
```

```
    {
        //函数体
    }
```

例如：

```
    template <typename T>
    T min(T a, T b)
    {
        return ( a < b ) ? a : b;
    }
```

说明：其中，"template"是关键字，再加上<类型参数表>构成了模板说明。类型参数表由关键字"class"或"typename"后加一个标识符(例如"T")构成，该标识符所代表的数据类型在函数模板实例化时用实际数据类型予以代替，可以是基本数据类型或类类型。类型参数表中的参数能在函数形参表中使用，即作为函数形参表中的类型。类型参数表中定义的类型和基本数据类型一样，可以在函数中的任何地方使用。在函数模板中可以使用类型参数表中的类型定义函数体中的变量类型、函数返回值类型及参数类型。

在函数模板的使用过程中应注意以下几点：

(1) 函数模板允许使用多个类型参数，但在 template 定义部分的每个参数前必须有关键字"typename"或"class"，即

```
    template <class  数据类型参数标识符 1, …, class  数据类型参数标识符 n>
    返回类型　函数名　(参数表)
    {
        函数体
    }
```

(2) 在 template 模板说明与函数模板定义语句之间不允许有别的语句。如下面的声明是错误的。

```
    template<class T>
    int i;                  //此处加入语句产生错误
    T min(T x, T y)
    {
        //函数体
    }
```

9.2.2　模板函数的使用

函数模板的数据类型参数标识符在使用函数模板时，将被实例化为确定的数据类型。将类型参数实例化后，函数模板就产生了一个具体函数，称为模板函数。模板函数的生成就是将函数模板的类型参数实例化的过程。

【例 9-2】 采用函数模板实现求数组元素中最大值。

```
    #include <iostream>
```

```
#include <string>
using namespace std;
template <typename T>
T max(const T *r_array, int size)
{
        T max = r_array[0];
        for (int i = 1; i < size; ++i)
            if(r_array[i] > max)
                    max = r_array[i];
            return    max;
}
int main()
{
        int aa[5] = {10, 7, 14, 3, 25};
        double dd[6] = {10.2, 7.1, 14.5, 3.2, 25.6, 16.8};
        string ss[5] = {"aa", "bb", "cc", "dd", "ee"};
        int   i = max(aa, 5);
        cout << "整数最大值为: " << i << endl;
        double d = max(dd, 6);
        cout << "实数最大值为: " << d << endl;
        string   s = max(ss, 5);
        cout << "字典排序最大为: " << s << endl;
        return 0;
}
```

程序运行结果:

> 整数最大值为: 25
> 实数最大值为: 25.6
> 字典排序最大为: ee

在编译程序时, 由编译器根据调用语句中实参的类型对函数模板进行实例化, 用实际数据类型替换类型参数 T, 生成一个可执行的模板函数。在程序运行时, 实参和形参结合执行实例化后的模板函数得到运行结果。

9.2.3　重载函数模板

同一个函数模板在实例化后的模板函数都执行相同的操作, 而普通函数重载时, 每个函数的函数体内可以执行不同的操作。如果模板函数在实际情况中也需要具有可执行不同操作的灵活性, 就需要对函数模板也进行重载。

由于 C++ 函数模板中的数据类型是参数化的, 因此不支持隐式类型转换。为了解决这个问题, 可以定义一个与模板函数同名的普通函数, 设定所需的形参类型。这就是用一个非模板函数重载一个同名的函数模板。

【例 9-3】 使用重载函数模板求两个不同类型数据的最大值。

```cpp
#include <iostream>
using namespace std;
template <typename T>
T max(T a, T b)
{
        return (a>b) ? a : b;
}
int max(int a,char b)
{
        return (a>b) ? a : b;
}
int main()
{
        cout << "max(12,22) = " << max(12,22) << endl;        //调用函数模板
        cout << "max(12,'c') = " << max(12,'c') << endl;        //调用普通函数
        return 0;
}
```

程序运行结果：

```
max(12,22) = 22
max(12,'c') = 99
```

在 C++ 中，函数模板与同名的非模板函数的重载方法遵循如下约定：

(1) 寻找一个参数完全匹配的非模板函数，如果找到了，则调用。

(2) 寻找一个函数模板，将其实例化产生一个匹配的模板函数，如果找到了，则调用。

(3) 尝试低一级的对函数的重载方法(如通过类型转换可产生参数匹配等)，如果找到了，则调用。

如果这三种尝试都没有找到匹配的函数，那么这个调用会产生错误。

9.3 类 模 板

类模板与函数模板类似，可以对类定义一种通用模式，使得类中的某些数据成员、成员函数的参数或返回值的数据类型参数化。

9.3.1 类模板的定义

类模板由模板说明和类说明组成。类模板的定义形式如下：

```
template <typename 模板参数表>
```

```
class  类名{
    //类声明体
};
```

也可以定义成如下形式：

```
template <class  模板参数表>
class  类名{
    //类声明体
};
```

其中，template 是一个声明模板的关键字。typename 和 class 用来声明后面的模板参数是一个形式化的参数类型。参数类型通常用 C++标识符表示，如 T、Type 等，在声明类模板的时候参数类型并没有具体类型对应。

例如：

```
template <class T>
class memory
{
public:
    void put(T x);
    ...
}
```

表示定义一个名为 memory 的类模板，其中类型参数为 T。

类模板定义后需要实现其中的成员函数，在类模板的外部定义类成员函数的一般形式是：

```
template <类型名  参数名 1，类型名   参数名 2，...>
函数返回值类型 类名<参数名 1 参数名 2，...>::成员函数名(形参表)
{
    //函数体
}
```

例如：

```
template <class T>
void memory<T>::put(T x)
{
    ...
}
```

表示定义一个类模板 memory 的成员函数，函数名为 put，形参 x 的类型是 T，函数无返回值。

9.3.2　模板类的使用

类模板是类的抽象，模板类是类模板的实例。建立类模板之后，可以用下列方式创建类模板的对象：

> 类名 <类型实参表>　　对象表；

其中，<类型实参表>应与该类模板中的<类型参数表>匹配。经这样声明后，系统会根据指定的参数类型生成一个类，然后建立该类的对象。

例如：

```
template <class T1,class T2>
class Compare
{
public:
    Compare(T1 a, T2 b):x(a), y(b){};
    void display();
private:
    T1 x;
    T2 y;
};
```

采用该类模板可以实例化对象，例如：

```
Compare<int, float> cmp(2,3.14);
```

上面语句中，int 代替了模板中的 T1，float 代替了模板中的 T2，生成了具体的模板类，然后声明该类的对象 cmp。

下面以两段程序说明模板类的使用。

【例 9-4】 在类模板内定义成员函数。

```
#include <iostream>
using namespace std;
template <class T1,class T2>
class Compare
{
  public:
    Compare(T1 a, T2 b):x(a), y(b){};
    void display()
    {
        cout << x << endl;
        cout << y << endl;
    }
  private:
    T1 x;
    T2 y;
};
```

```cpp
int main()
{
    Compare<int, float> cmp(2, 3.14);
    cmp.display();
    return 0;
}
```

程序运行结果：

```
2
3.14
```

【例 9-5】 在类模板外定义成员函数。

```cpp
#include <iostream>
using namespace std;
template <class T1, class T2>
class Compare
{
    public:
        Compare(T1 a, T2 b):x(a), y(b){};
        void display();
    private:
        T1 x;
        T2 y;
};

template <class T1, class T2>        //此处还需再声明一次，不然会报错
void Compare<T1, T2>::display()
{
    cout << x << endl;
    cout << y << endl;
}

int main()
{
    Compare<int, float> cmp(2, 3.14);
    cmp.display();
    return 0;
}
```

程序运行结果：

```
2
3.14
```

9.4 泛型程序设计与 STL

如果面向对象程序设计是以类和对象为基础，那么泛型程序设计就是以模板为基础的一种更高级的程序设计方法。泛型程序设计的主要思想是将各种要处理的数据泛化(更高级的抽象和封装)为通用容器，将算法以函数模板形式实现，同时将两者结合使得算法不受限于特定的数据类型或数据结构，从而实现了算法的通用性。这种程序设计方法可以有效地利用已有的成果，将经典的、优秀的算法标准化、模块化，从而极大地提高软件的复用性和生产率，满足软件的产业化需求。

9.4.1 泛型程序设计与 STL 概述

泛型程序设计最初诞生于 C++中，由 HP 公司的 Alexander Stepanov 和 Meng Lee 开发了一个用于支持 C++ 泛型程序设计的模板库——称为标准模板库(Standard Template Library，STL)，其支持机制就是函数模板和类模板。STL 由可以适合不同需求的群体类和能够在这些群体数据上操作的算法构成。

STL 主要包括：容器(Containers)、迭代器(Iterators)、算法(Algorithm)、函数对象(Function Object)和适配器(Allocators Adapter)。STL 并非只是一些有用组件的集合，它是描述组件抽象需求的一个正规而有条理的架构。这些组件相互配合，算法处于核心地位。STL 把容器中的数据通过迭代器作为参数传入算法，同时把函数对象也作为参数传入算法，在算法执行过程中数据与特定的函数对象结合进行操作，最后将产生的处理结果通过迭代器再存储到容器中。使用 STL 中提供的或自定义的迭代器和函数对象，配合 STL 算法，可以组合出各种各样的功能。

(1) 容器(Containers)：包括 STL 中的许多数据类型和数据结构，比如常用的链表(list)、向量(vector)、队列(queue)、堆栈(stack)等。string 也可以称作一个容器，适用于容器的方法也适用于 string。

(2) 迭代器(Iterators)：是 STL 中算法与容器的桥梁，用于将容器中的数据元素传入算法并将运算后的结果传递给容器。它类似于指针，每个容器都有自己的迭代器，用来定位和操控容器中的元素。

(2) 算法(Algorithm)：STL 中包含了许多通用算法，用于操控各种容器。比如 find 算法用于在容器中查找等于某个特定值的元素，for_each 算法用于将某个函数应用到容器中的各个元素上，sort 算法用于对容器中的元素排序。

(4) 函数对象(Function Object)：是一个类对象，通常它只有一个成员函数，该函数重载了函数调用操作符 operator()。该操作符封装了应该被实现为一个函数的操作。STL 将一组标准的函数对象定义为模板。可以将函数对象说成是行为类似于函数的对象，对它可以像调用函数一样调用。函数对象是泛化的函数。

(5) 适配器(Allocators Adapter)：STL 中用于将函数对象转化为另一种符合要求的函数对象，以更适合将函数的返回值带入算法。

比如排序算法 sort 泛化之后就变成了：

  template<class RandomAccessIterator, class Compare>

  void sort(RandomAccessIterator first, RandomAccessIterator last,

  Compare comp);

其中[first，last)这一对迭代器代表一个前闭后开区间，表示从 first(含 first)到 last(不含 last)的区间内的所有元素。comp 是一个函数对象。

  在 C++标准中，STL 被组织为 13 个头文件：<algorithm>、<deque>、<functional>、<iterator>、<vector>、<list>、<map>、<memory>、<numeric>、<queue>、<set>、<stack>和<utility>。

9.4.2 容器

  在实际的开发过程中，数据结构本身的重要性不逊于操作数据结构的算法的重要性。经典的数据结构数量有限，但是我们常常会重复一些为了实现向量、链表等结构而编写的代码，这些代码都十分相似，只是为了适应不同数据的变化而在细节上有所不同。STL 容器允许重复利用已有的实现，构造自己的特定类型下的数据结构。通过设置一些类模板，STL 容器对最常用的数据结构提供了支持，这些模板的参数允许指定容器中元素的数据类型，可以将许多重复而乏味的工作简化。

  C++标准库中包括 7 种基本容器：向量(vector)、双端队列(deque)、列表(list)、集合(set)、多重集合(multiset)、映射(map)和多重映射(multimap)。这 7 种容器可以分为两种基本类型：顺序容器(sequence container)和关联容器(associative container)。其中，顺序容器包括向量、双端队列和列表，关联容器包括集合和映射。STL 的容器通常被分为三大类：顺序容器、关联容器和容器适配器(可以看作由其他容器实现的容器)。容器适配器主要包括堆栈(stack)和队列(queue)。可以通过表 9-1 总结它们和相应头文件的对应关系。

表 9-1   STL 中的容器及头文件名

容器名	头文件名	说　　明
向量	<vector >	连续存储的元素
列表	<list>	由节点组成的双向链表，每个节点包含一个元素
双端队列	<deque>	连续存储的指向不同元素的指针所组成的数组
集合	<set>	由节点组成的树，每个节点都包含一个元素，节点之间以某种作用于元素的位置排列，两个不同的元素不能拥有相同的次序
多重集合	<set>	允许存在两个次序相等的元素的集合
映射	<map>	由{键，值}对组成的集合，以某种作用于键对上的位置排列
多重映射	<map>	允许键对有相等的次序的映射
栈	<stack>	后进先出的值的排列
队列	<queue>	先进先出的值的排列
优先队列	<queue>	元素的次序是由作用于所存储的值对上的某种位置决定的一种队列

9.4.3 迭代器

迭代器在 STL 中用来将算法和容器联系起来，起着桥梁的作用。几乎 STL 提供的所有算法都是通过迭代器对容器进行元素序列的存取，每一个容器都定义了其本身所专有的迭代器，用以存取容器中的元素。

迭代器提供对容器中对象的访问方法，并且定义了容器中对象的范围。迭代器就如同一个指针。事实上，C++的指针也是一种迭代器。但是，迭代器不仅仅是指针，例如一个数组的索引也可以认为是一种迭代器。

迭代器部分主要由头文件<utility>、<iterator>和<memory>组成。<utility>包括了在 STL 中的模板的声明，<iterator>中提供了使用迭代器的方法，<memory>为容器中的元素分配了存储空间。

1. 迭代器的分类

根据迭代器所支持操作的不同，在 STL 中定义了以下 6 种迭代器：

(1) 输入迭代器：只能读，不能写，而且只支持 ++ 自增运算，在每个要遍历的地方只能读取一次。istream_iterator 为常见的输入迭代器。

(2) 输出迭代器：只能写，不能读，而且只支持 ++ 自增运算，在每个要遍历的地方只能写一次。ostream_iterator 为常见的输出迭代器。

(3) 前向迭代器：提供读和写操作，但只使用 ++ 运算符来遍历容器。也就是每次沿容器向前移动一个元素。总是按相同的顺序遍历容器的值。泛型算法 replace 需要前向迭代器。

(4) 双向迭代器：从两个方向读写容器，同时提供读写功能，同前向迭代器，但可用来进行增加(++)或减少(--)操作。map、set、list 容器提供双向迭代器。reverse 算法需要双向迭代器。

(5) 随机访问迭代器：提供随机读写功能，是功能最强大的迭代器，具有双向迭代器的全部功能。vector、string、deque 的迭代器都是随机访问的迭代器。sort 算法需要随机访问迭代器。

(6) const 迭代器：每种容器类型都定义了 const_iterator，只能读取容器的值，不能修改所指向容器范围内元素的值。const_iterator 与 const 类型的 iterator 是有区别的。

2. 迭代器的结构

迭代器由四部分组成：

(1) Iterator：定义访问和遍历元素的接口。

(2) ConcreteIterator：实现迭代器接口；遍历时跟踪当前位置。

(3) Aggregate：定义创建相应迭代器对象的接口。

(4) ConcreteAggregate：实现创建 Aggregate 中定义的接口。

3. 迭代器应用举例

1) 指针迭代器

如下面的程序所示，一个指针也是一个迭代器。该程序同样展示了 STL 的一个主要特性——它不只是能够用于它自己的类类型，也能用于任何 C 或 C++类型。

【例 9-6】 把指针作为迭代器用于 STL 的 find()算法来搜索普通的数组。

```
#include <iostream>
#include <algorithm>
using namespace std;
#define SIZE 100

int iarray[SIZE];
int main()
{
        iarray[20] = 50;
        int* ip = find(iarray, iarray + SIZE, 50);
        if (ip == iarray + SIZE)
                cout << "50 not found in array" << endl;
        else
                cout << *ip << " found in array" << endl;
        return 0;
}
```

程序运行结果：

```
50 found in array
```

程序定义了尺寸为 SIZE 的全局数组。由于是全局变量，所以运行时数组自动初始化为零。下面的语句将索引为 20 的元素值设置为 50，并使用 find()算法来搜索值 50。

```
iarray[20] = 50;

int* ip = find(iarray, iarray + SIZE, 50);
```

find()函数接受三个参数。前两个定义了搜索的范围，iarray 指向数组的第一个元素，第二个参数 iarray + SIZE 等同于 past-the-end 值，即数组中最后一个元素的后面位置。第三个参数是待定位的值，也就是 50。find()函数返回和前两个参数相同类型的迭代器，是一个指向整数的指针 ip。

2) 容器迭代器

容器迭代器用法和指针迭代器相似，但和将迭代器申明为指针变量不同的是，可以使用容器类方法来获取迭代器对象。两个典型的容器类方法是 begin()和 end()。它们在大多数容器中表示整个容器范围。其他一些容器还使用 rbegin()和 rend()方法提供反向迭代器，以按反向顺序指定对象范围。

【例 9-7】 程序创建了一个矢量容器 intVector(STL 中和数组等价的对象)，并使用迭代器在其中搜索。

```
#include <iostream>
#include <algorithm>
#include <vector>
using namespace std;
```

```
vector<int> intVector(100);
int main()
{
        intVector[20] = 50;
        vector<int>::iterator intIter =
                find(intVector.begin(), intVector.end(), 50);
        if (intIter != intVector.end())
        {
                cout << "Vector contains value " << *intIter << endl;
        }
        else
        {
                cout << "Vector does not contain 50" << endl;
        }
        return 0;
}
```

程序运行结果：

```
Vector contains value 50
```

3) 迭代器赋值

和指针一样，可以给一个迭代器赋值。例如，首先声明一个迭代器：

```
vector<int>::iterator first;
```

该语句创建了一个 vector<int> 类的迭代器。下面的语句将该迭代器设置为 intVector 的第一个对象，并将它指向的对象值设置为 123：

```
first = intVector.begin();
*first = 123;
```

这种赋值对于大多数容器类都是允许的，除了只读变量。

【例 9-8】 迭代器赋值。

```
#include <iostream>
#include <algorithm>
#include <vector>
using namespace std;
vector<int> intVector(100);
int main()
{
        vector<int>::iterator first;
        first = intVector.begin();
        *first = 1;
        const vector<int>::iterator result= find(intVector.begin(),
                intVector.end(), 50);
```

```
        if (result != intVector.end())
        {
                *result = 250;
        }
        return 0;
    }
```

可以把迭代器看成是一种抽象的指针，因此迭代器的常用操作和指针类似，包括给迭代器赋值、迭代器对象的比较、让迭代器移到当前对象的上一个对象或者下一个对象、取迭代器指向的对象以及判断迭代器指向的对象是否存在等。

9.4.4 算法

STL 中提供了大约 100 个实现算法的函数模板，这些算法结合用户自定义的函数对象通过迭代器对容器中的数据进行操作。迭代器负责在容器中选取对象并将相关对象的信息提供给算法，算法的通用性决定了它可以接受不同类型的对象，算法不直接使用容器作为参数，而是使用迭代器类型。算法只需要关心迭代器的类型，不需要知道迭代器在容器中是如何操作的。这样用户就可以在自己定义的数据结构上应用这些算法，仅仅需要这些自定义容器的迭代器类型满足算法要求。所以，一个标准的算法就可以处理几乎所有类型的容器，并且一个容器可以容纳几乎所有类型的元素。

STL 算法部分主要由头文件<algorithm>、<numeric>和<functional>组成。

比如，算法 for_each 将为指定序列中的每一个元素调用指定的函数，stable_sort 以指定的规则对序列进行稳定性排序，等等。这样一来，只要我们熟悉了 STL 之后，许多代码可以被大大地化简，只需要通过调用一两个算法模板，就可以完成所需要的功能并大大地提升编写效率。

<algorithm>由许多模板函数组成，每个函数在很大程度上都是独立的，其中常用到的功能范围涉及比较、交换、查找、遍历操作、复制、修改、移除、反转、排序、合并等等。

<numeric>包括若干个在序列上进行数学运算的模板函数，主要是一些相关的数值算法。

<functional>中则定义了一些模板类，用以声明函数对象。

STL 标准模板库中的算法可以分为 4 组：非变异算法、变异算法、排序算法以及常用的数值算法。

1．非变异算法

非变异算法是一种不破坏操作数据的模板函数，用来对序列数据进行逐个处理、元素查找、子序列搜索、统计和匹配操作。非变异算法具有极为广泛的适用性，基本上可应用于各种容器。

1) 查找容器元素 find

find 用于查找等于某值的元素。它在迭代器区间[first,last)(闭开区间)上查找等于 value 值的元素，如果迭代器 i 所指的元素满足*i=value，则返回迭代器 i；未找到满足条件的元素，返回 last。

函数原型：

```
find( v1.begin(), v1.end(), num_to_find );
```

【例 9-9】 查找容器元素 find。

```cpp
#include <vector>
#include <algorithm>
#include <iostream>
using namespace std;
int main()
{
        int num_to_find = 6;
        vector<int> v1;
        for(int i = 0; i < 10; i++)
                v1.push_back(2 * i);
        vector<int>::iterator result;
        result = find( v1.begin(), v1.end(), num_to_find );
        if( result == v1.end() )
        {
                cout << "未找到任何元素匹配  " << num_to_find << endl;
        }
        else
        {
                cout << "匹配元素的索引值是  " << result - v1.begin() << endl;
        }
}
```

程序运行结果：

```
匹配元素的索引值是 3
```

2) 条件查找容器元素 find_if

利用返回布尔值的谓词判断 pred，检查迭代器区间[first,last)上的每一个元素。如果迭代器 i 满足 pred(*i) = true，则表示找到元素并返回迭代值 i(找到的第一个符合条件的元素)；未找到元素，返回末位置 last。

函数原型：

```
find_if(v.begin(), v.end(), dipred5);
```

【例 9-10】 条件查找容器元素 find_if。

```cpp
#include <vector>
#include <algorithm>
#include <iostream>
using namespace std;

bool divby5(int x)
{
```

```
        return x%5?0:1;
    }
    int main()
    {
        vector<int> v(20);
        for (int i=0;i<v.size();i++)
        {
            v[i] = (i + 1) * (i + 3);
            cout << v[i] << ' ';
        }
        cout << endl;
        vector<int>::iterator ilocation;
        ilocation = find_if(v.begin(), v.end(), divby5);
        if (ilocation != v.end())
        {
            cout<< "找到第一个能被 5 整除的元素: " << *ilocation << endl
                << "元素的索引位置是: " << ilocation-v.begin() << endl;
        }
        return 0;
    }
```

程序运行结果:

```
3 8 15 24 35 48 63 80 99 120 143 168 195 224 255 288 323 360 399 440
找到第一个能被 5 整除的元素: 15
元素的索引位置是: 2
```

3) 统计等于某值的容器元素个数 count

利用 STL 通用算法 count 统计 vector 向量中某个元素出现的次数。

【例 9-11】 统计等于某值的容器元素个数 count。

```
#include <iostream>
#include <vector>
#include <algorithm>        //包含通用算法
using namespace std;
int main()
{
    vector <int> scores;
    scores.push_back(1);
    scores.push_back(8);
    scores.push_back(4);
    scores.push_back(7);
    scores.push_back(9);
```

```
        scores.push_back(1);
        int num = 0;
        num = count (scores.begin(), scores.end(),1);//统计 100 出现的次数
        cout << "1 出现的次数是: " << num << endl;
        return 0;
    }
```

程序运行结果:

　　1 出现的次数是：2

4) 子序列搜索 search

search 算法函数在一个序列中搜索与另一个序列匹配的子序列。参数分别为一个序列的开始位置、结束位置和另一个序列的开始、结束位置。

函数原型：

　　search(v1.begin(),v1.end(),v2.begin(),v2.end());

【例 9-12】 子序列搜索 search。

```
    #include <vector>
    #include <algorithm>
    #include <iostream>
    using namespace std;

    int main()
    {
        vector<int> v1;
        cout << "v1:";
        for (int i = 0; i < 5; i++)
        {
            v1.push_back(i + 5);
            //注意：v1 定义时没有给定大小，因此这里不能直接使用赋值语句
            cout << v1[i] << ' ';
        }
        cout << endl;
        vector<int> v2;
        cout << "v2:";
        for int(i = 0; i < 2; i++)
        {
            v2.push_back(i + 7);
            cout << v2[i] << ' ';
        }
        cout << endl;
        vector<int>::iterator ilocation;
```

```
ilocation = search(v1.begin(), v1.end(), v2.begin(), v2.end());
if (ilocation != v1.end())
{
     cout << "v2 的元素包含在 v1 中，起始元素为" <<
          "v1["<<ilocation-v1.begin()<<']'<<endl;
}
else
{
     cout << "v2 的元素不包含在 v1 中" << endl;
}
return 0;
}
```

程序运行结果：

```
v1: 5 6 7 8 9
v2: 7 8
v2 的元素包含在 v1 中，起始元素为 v1[2]
```

5）重复元素子序列搜索 search_n

search_n 算法函数搜索序列中是否有一系列元素值均为某个给定值的子序列。

函数原型：

```
search_n(v.begin(), v.end(), n, m)
```

该函数的作用是在 v 中找到 n 个连续的元素 m。

【例 9-13】 重复元素子序列搜索 search_n。

```
#include <vector>
#include <algorithm>
#include <iostream>
using namespace std;

int main()
{
     vector<int> v;
     v.push_back(1);
     v.push_back(8);
     v.push_back(8);
     v.push_back(8);
     v.push_back(6);
     v.push_back(6);
     v.push_back(8);
     vector<int>::iterator i;
     i=search_n(v.begin(), v.end(), 3, 8);
```

```
        if(i != v.end())
            cout << "在 v 中找到 3 个连续的元素 8" << endl;
        else
            cout << "在 v 中未找到 3 个连续的元素 8" << endl;
        return 0;
    }
```

程序运行结果：

在 v 中未找到 3 个连续的元素 8

6）最后一个子序列搜索 find_end

函数原型：

find_end(v1.begin(),v1.end(),v2.begin(),v2.end());

该函数的作用是在 v1 中要求的位置查找最后一个 v2 中要求的序列位置。

【例 9-14】 最后一个子序列搜索 find_end。

```
#include <vector>
#include <algorithm>
#include <iostream>
using namespace std;

int main()
{
    vector<int> v1;
    v1.push_back(-5);
    v1.push_back(1);
    v1.push_back(2);
    v1.push_back(-6);
    v1.push_back(-8);
    v1.push_back(1);
    v1.push_back(2);
    v1.push_back(-11);

    vector<int> v2;
    v2.push_back(1);
    v2.push_back(2);
    vector<int>::iterator i;

    i=find_end(v1.begin(),v1.end(),v2.begin(),v2.end());
    if(i!=v1.end())
    {
        cout << "v1 中找到最后一个匹配 v2 的子序列，位置在"
```

```
                    << "v1["<<i-v1.begin() << "]" << endl;
            }
    }
```

程序运行结果：

v1 中找到最后一个匹配 v2 的子序列，位置在 v1[5]

2. 变异算法

变异算法是一组能够修改容器元素数据的模板函数。例如，元素复制、元素变换、替换。

1) 元素复制 copy

函数原型：

copy(v.begin(), v.end(), l.begin(1));

该函数的作用是将 v 中的元素复制到 l 中。

【例 9-15】 元素复制 copy。

```cpp
#include <vector>
#include <list>
#include <algorithm>
#include <iostream>
using namespace std;

int main()
{
    vector<int> v;
    v.push_back(1);
    v.push_back(3);
    v.push_back(5);

    list<int> l;
    l.push_back(2);
    l.push_back(4);
    l.push_back(6);
    l.push_back(8);
    l.push_back(10);
    copy(v.begin(), v.end(), l.begin());
    list<int>::iterator i;
    for (i = l.begin(); i != l.end(); i++)
        cout << *i << ' ';
    cout << endl;
    return 0;
}
```

程序运行结果：

1 3 5 8 10

2）元素变换 transform

函数原型：

transform(v.begin(),v.end(),l.begin(),square);

该函数的作用也是复制，但是要按某种方案(square)复制。

【例 9-16】 元素变换 transform。

```cpp
#include <iostream>
#include <vector>
#include <list>
#include <algorithm>
using namespace std;

int square(int x)
{
    return x * x;
}
int main()
{
    vector<int> v;
    v.push_back(5);
    v.push_back(15);
    v.push_back(25);
    list<int> l(3);
    transform(v.begin(), v.end(), l.begin(), square);
    list<int>::iterator i;
    for (i = l.begin(); i != l.end(); i++)
        cout << *i << ' ';
    cout << endl;
    return 0;
}
```

程序运行结果：

25 225 625

3）替换 replace

replace 算法将指定元素值替换为新值。

【例 9-17】 替换 replace。

```cpp
#include <vector>
#include <algorithm>
```

```
#include <iostream>
using namespace std;

int main()
{
    vector<int> v;
    v.push_back(13);
    v.push_back(25);
    v.push_back(27);
    v.push_back(25);
    v.push_back(29);
    replace(v.begin(), v.end(), 25, 100);
    vector<int>::iterator i;
    for(i = v.begin(); i != v.end(); i++)
        cout << *i << ' ';
    cout << endl;
    return 0;
}
```

程序运行结果：

13 100 27 100 29

3. 排序算法

创建堆 make_heap，元素入堆 push_heap(默认插入最后一个元素)，元素出堆 pop_heap(与 push_heap 一样，pop_heap 必须对堆操作才有意义)。

【例 9-18】 排序算法。

```
#include <vector>
#include <algorithm>
#include <iostream>
using namespace std;

int main()
{
    vector<int> v;
    v.push_back(5);
    v.push_back(6);
    v.push_back(4);
    v.push_back(8);
    v.push_back(2);
    v.push_back(3);
```

```
        v.push_back(7);
        v.push_back(1);
        v.push_back(9);
        make_heap(v.begin(), v.end());
        v.push_back(20);
        push_heap(v.begin(), v.end());
        vector<int>::iterator ilocation;
        for (ilocation = v.begin(); ilocation != v.end(); ilocation++)
            cout << *ilocation << ' ';
        cout << endl;
        pop_heap(v.begin(), v.end());
        for (ilocation = v.begin(); ilocation != v.end(); ilocation++)
            cout << *ilocation << ' ';
        cout << endl;
        return 0;
    }
```

程序运行结果：

```
20 9 7 6 8 3 4 1 5 2
9 8 7 6 2 3 4 1 5 20
```

1）堆排序 sort_heap

堆排序 sort_heap 使用如下：

```
make_heap(v.begin(),v.end());
sort_heap(v.begin(),v.end());
```

【例 9-19】 堆排序 sort_heap。

```
#include <vector>
#include <algorithm>
#include <iostream>
using namespace std;
int main()
{
    vector<int> v;
    v.push_back(3);
    v.push_back(9);
    v.push_back(6);
    v.push_back(3);
    v.push_back(17);
    v.push_back(20);
    v.push_back(12);
    vector<int>::iterator ilocation;
```

```
        for (ilocation = v.begin(); ilocation != v.end(); ilocation++)
            cout << *ilocation << ' ';
    cout << endl;
    make_heap(v.begin(), v.end());
    sort_heap(v.begin(), v.end());
        for (ilocation = v.begin(); ilocation!=v.end(); ilocation++)
            cout << *ilocation << ' ';
    cout << endl;
}
```

程序运行结果：

```
3 9 6 3 17 20 12
3 3 6 9 12 17 20
```

2) 排序 sort

函数原型：

```
sort(v.begin(),v.end());
```

【例 9-20】 排序 sort。

```cpp
#include <vector>
#include <algorithm>
#include <iostream>
using namespace std;
int main()
{
    vector<int> v;
    v.push_back(2);
    v.push_back(8);
    v.push_back(-15);
    v.push_back(90);
    v.push_back(26);
    v.push_back(7);
    v.push_back(23);
    v.push_back(30);
    v.push_back(-27);
    v.push_back(39);
    v.push_back(55);
    vector<int>::iterator ilocation;
    for(ilocation  = v.begin(); ilocation != v.end(); ilocation++)
        cout<<*ilocation<<' ';
    cout<<endl;
    sort(v.begin(), v.end());        //比较函数默认
```

```
        for (ilocation = v.begin(); ilocation != v.end(); ilocation++)
            cout<<*ilocation<<' ';
        cout<<endl;
        return 0;
    }
```

程序运行结果：

```
    2 8 -15 90 26 7 23 30 -27 39 55
    -27 -15 2 7 8 23 26 30 39 55 90
```

4．数值算法

1）Accumulate

Accumulate 用来计算特定范围内(包括连续的部分和初始值)所有元素的和；除此之外，还可以用指定的二进制操作来计算特定范围内的元素结果。

【例 9-21】 Accumulate 算法。

```
#include <iostream>
#include <numeric>              //数值算法
#include <vector>
#include <functional>
#include <iterator>
#include <cmath>
using namespace std;

int main()
{
    int ia[] = {1,2,3,4,5};
    vector<int> iv(ia, ia+5);
    cout << accumulate(iv.begin(), iv.end(), 0) << endl;
    //累加初值为 0
    cout << accumulate(iv.begin(), iv.end(),
        0, minus<int>()) << endl;
    //累加符号为负
     return 0;
}
```

程序运行结果：

```
    15
    -15
```

2）inner_product

inner_product 用于计算两个数组的内积。

【例 9-22】 inner_product 算法。

```cpp
#include <iostream>
#include <numeric>               //数值算法
#include <vector>
#include <functional>
#include <iterator>
#include <cmath>
using namespace std;
int main()
{
    int ia[]={1,2,3,4,5};
    vector<int> iv(ia,ia+5);
    cout << inner_product(iv.begin(), iv.end(), iv.begin(),
         10) << endl;
    //两个数组内积初值为 10
    cout<<inner_product(iv.begin(),iv.end(),iv.begin(),10,
        minus<int>(),plus<int>())<<endl;//10-(1+1)-(2+2)
    return 0;
}
```

程序运行结果：

```
65
-20
```

3） partial_sum

partial_sum 对从数组起始位置到当前任一位置求和。

【例 9-23】 partial_sum 算法。

```cpp
#include <iostream>
#include <numeric>               //数值算法
#include <vector>
#include <functional>
#include <iterator>
#include <cmath>
using namespace std;

int main()
{
    int ia[] = {1,2,3,4,5};
    vector<int> iv(ia, ia+5);
    ostream_iterator<int> oite(cout, " ");
    //迭代器绑定到 cout 上作为输出使用
```

```
        partial_sum(iv.begin(), iv.end(), oite);
        //依次输出前 n 个数的和
        cout << end L;
        partial_sum(iv.begin(), iv.end(), oite, minus<int>());
        //依次输出第一个数减去(除第一个数外到当前数的和)
        cout << endl;
        return 0;
    }
```

程序运行结果：

```
    1 3 6 10 15
    1 -1 -4 -8 -13
```

4) adjacent_difference

adjacent_difference 用于计算序列中相邻两个元素的差序列。

【例 9-24】 adjacent_difference 算法。

```
    #include <iostream>
    #include <numeric>              //数值算法
    #include <vector>
    #include <functional>
    #include <iterator>
    #include <cmath>
    using namespace std;

    int main()
    {
        int ia[]={1,2,3,4,5};
        vector<int> iv(ia, ia+5);
        ostream_iterator<int> oite(cout, " ");
        //迭代器绑定到 cout 上作为输出使用
        adjacent_difference(iv.begin(), iv.end(), oite);
        //输出相邻元素差值(前面-后面)
        cout << endl;
        adjacent_difference(iv.begin(), iv.end(), oite, plus<int>());
        //输出相邻元素的和
        return 0;
    }
```

程序运行结果：

```
    1 1 1 1 1
    1 3 5 7 9
```

9.4.5　函数对象

　　函数对象是 STL 提供的四种组件中的一种，它定义了操作符 operator( )的对象。在 C++ 中，除了定义了操作符 operator( )的对象之外，普通函数或者函数指针也满足函数对象的特征。结合函数模板的使用，函数对象使得 STL 更加灵活和方便，同时也使得代码运行效率更为高效。STL 中的重要组件是函数对象，所谓函数对象就是一个行为类似函数的对象，它可以不需要参数，也可以带有若干个参数，其功能是获取一个值，或者改变操作的状态。

　　常用的函数对象可以分为五大类：产生器、一元函数、二元函数、一元谓词和二元谓词。

　　在 C++程序中，任何普通的函数、函数指针和任何重载了调用 operator()的类对象都满足函数对象的特征，都可以作为函数对象来使用。

　　STL 提供了标准的函数对象，包括算术、关系和逻辑函数对象。

　　算术：plus, minus, multiplies, negate。

　　关系：equal_to, not_equal_to, greater, less, greater_equal, less_equal。

　　逻辑：logical_and, logical_or, logical_not。

9.4.6　函数适配器

　　STL 中的函数适配器用于实现将一种函数对象转化为另一种符合要求的函数对象。

　　函数适配器可以分为四大类：绑定适配器、组合适配器、指针函数适配器和成员函数适配器。适配器作为一种接口类，可以认为是标准组件的改装。通过修改其他类的接口，使适配器满足一定需求，可分为容器适配器、迭代器适配器和函数对象适配器三种。

　　标准库提供了一组函数适配器，可以分为两类：一是绑定器(binder)；二是取反器(negator)。绑定器通过把二元函数对象的一个实参绑定到一个特殊的值上，将其转换成一元函数对象。取反器是将一个函数的对象的值翻转的函数适配器。

9.5　程序实例——人事信息管理程序的改进(3)

　　在例 8-12 中，DataManager 类封装了 Employee 类对象指针数组作为统一的人事信息数据结构，支持所有工种派生类对象。但该对象指针数据只支持有限个(例中为 50 个)对象的管理，这个限制在实际使用中是不能接受的。本例采用 C++标准库中的 vector 容器来替代原始的数组数据结构，能够支持无限多个数据对象的数据存储和管理，更加灵活方便，也更加安全和高效。

　　【例 9-25】 人事信息管理程序的改进。

```
//Employee.h
//Salesman.h
//Salesman.cpp
//Technician.h
//Technician.cpp
```

//上述源代码没有修改，此处省略，可参见例 8-12

//DataManager.h
#pragma once
#include <vector>
#include "Salesman.h"
#include "Technician.h"

class DataManager
{
private:
　　//使用 vector 向量容器存储人事信息数据
　　vector<Employee*> logdata;
public:
　　DataManager(void){　　　　　　　　　　　　　//默认构造函数
　　　　vector<Employee*>::iterator ilocation;
　　　　for(ilocation = logdata.begin(); ilocation != logdata.end(); ilocation++)
　　　　　　*ilocation = NULL;
　　}
　　~DataManager(void){　　　　　　　　　　　　//默认析构函数
　　　　vector<Employee*>::iterator ilocation;
　　　　for(ilocation = logdata.begin(); ilocation != logdata.end(); ilocation++)
　　　　　　if (*ilocation != NULL){
　　　　　　　　delete *ilocation;
　　　　　　　　*ilocation = NULL;
　　　　　　}
　　}

　　int getCount(){　　　　　　　　　　　　　　//返回数据元素个数
　　　　return logdata.size();
　　}

　　void add(Employee* tData){　　　　　　　　//添加人员信息函数
　　　　logdata.push_back(tData);
　　　　logdata[logdata.size() - 1]->add(logdata.size());
　　}

　　string alter(){　　　　　　　　　　　　　　//修改人员信息函数
　　　　string s;

```cpp
        cout << "请输入要修改的名字" << endl;
        cin >> s;
        vector<Employee*>::iterator ilocation;
        for(ilocation = logdata.begin(); ilocation != logdata.end(); ilocation++)
        {
            if((*ilocation)->getName() == s)
            {
                (*ilocation)->alter();
                return "修改成功";
            }
        }
        return "名字不存在！";
}


void showAll(){                                          //显示所有人员信息函数
    showTechnician();
    showSalesman();
}


void showTechnician()                                    //显示技术人员信息函数
{
    cout << "编号" << "\t" << "姓名" << "\t"
        << "身份证号" << "\t" << "性别" << "\t" << "所在部门" << "\t"
        << "工时" << "\t" << "时薪" << "\t" << "工种" << endl;
    vector<Employee*>::iterator ilocation;
    for(ilocation = logdata.begin(); ilocation != logdata.end(); ilocation++)
    {
        if((*ilocation)->getRole() == 0)// role == 0  表示该类 Technician
        {
            (*ilocation)->show();
        }
    }
}


void showSalesman()                                      //显示销售人员信息函数
{
    cout << "编号" << "\t" << "姓名" << "\t"
        << "身份证号" << "\t" << "性别" << "\t" << "所在部门"<< "\t"
        << "月销售额" << "\t" << "提成" << "\t" << "工种" << endl;
```

```cpp
        vector<Employee*>::iterator ilocation;
        for(ilocation = logdata.begin(); ilocation != logdata.end(); ilocation++)
        {
            if((*ilocation)->getRole() == 1)// role == 1 表示该类 Salesman
            {
                (*ilocation)->show();
            }
        }
    }
};


//main.cpp
#include "DataManager.h"

int main(void)
{
    DataManager dataManager;
    int op;
    while(1)
    {
        cout << "请输入操作号" << endl;
        cout << "1-新增技术人员数据" << "\n" << "2-更改技术人员数据" << "\n"
            << "3-列出所有技术人员数据" << "\n"
            << "4-新增销售人员数据" << "\n" << "5-更改销售人员数据" << "\n"
            << "6-列出所有销售人员数据" << "\n" << "7-退出系统"
            << endl;
        cin >> op;
        Technician* pTechnician = NULL;
        Salesman* pSalesman = NULL;
        switch(op)
        {
        case 1:
            pTechnician = new Technician();
            dataManager.add(pTechnician);          //添加单个技术人员信息
            break;
        case 2:
            cout << dataManager.alter() << endl;   //修改信息
            break;
        case 3:
```

```
            dataManager.showTechnician();        //显示所有技术人员信息
            break;
        case 4:
            pSalesman = new Salesman();
            dataManager.add(pSalesman);           //添加单个销售人员信息
            break;
        case 5:
            cout << dataManager.alter() << endl;  //修改信息
            break;
        case 6:
            dataManager.showSalesman();           //显示所有销售人员信息
            break;
        default:
            exit(0);
        }
    }
    return 0;
}
```

 本 章 小 结

　　模板的使用可以有效地避免重复编写具有相同功能而数据类型不同的类或者函数，这样就可以提高代码的可重用性和编写效率，简化程序编写的过程。模板分为函数模板和类模板。函数模板针对参数类型不同的函数；类模板针对数据成员和成员函数类型不同的类。函数模板和类模板提供了类型参数化的通用机制。

习题

　　1. 给出连续的一句话，其中包含若干个单词，统计其中不同单词的个数，单词是由空格隔开的只由大小写字母组成的字母串。输出统计的数量和该数量对应的单词，输出单词的顺序不分先后。

　　例如，输入：

　　　　hello hello book hello

输出为：

　　　　2(hello book)

　　再如输入：

Hello hello haha

输出为:

       3(Hello hello haha)

  2. cmin 和 cmax 是两个常用的函数,cmin 有两个参数,它的返回值是两个参数中最小者; cmax 也有两个参数,它的返回值是两个参数中最大者。编写一个完整的程序,为它们写两个模板,验证这两个模板能处理各种基本类型数据。

  3. 编写一个求绝对值的函数模板,它具有一个入口参数,返回值是该参数的绝对值。例如,−99 的绝对值就是 99,编写完整的程序测试该模板。

  4. 编写一个计算总和的函数模板,实现对用户输入的值进行求和,并返回该值。其中函数参数是一个数组。编写完整的程序测试该模板,检验其能否对各种数据类型的值进行求和。

  5. 编写一个类模板 SearchArray,使其能够完成给定数据的查找。编写一个完整的程序测试该模板。

  6. 编写具有排序功能的类模板 SortableArray,该类模板是实现对整型数组、浮点型数组、字符型数组元素的升序排列。编写一个完整的程序测试该模板。

第 10 章 输入/输出流与异常处理

在 C++语言中，输入/输出(I/O)操作是通过流类库实现的。程序从设备读取数据需执行输入操作，程序对外设写入数据需执行输出操作。输入操作使用输入流对象(cin)，通过提取运算符"＞＞"来实现；输出操作使用输出流对象(cout)，通过插入运算符"＜＜"来实现。

异常处理用于对程序执行过程中出现的意外情况进行相应的处理，保证程序具有一定的容错能力。本章首先介绍流的概念、流类库的结构和使用，然后介绍异常处理的机制和实现。

10.1 输入/输出流及流类库

在程序设计中，数据输入/输出操作是必不可少的。C++语言的数据输入/输出操作是通过 I/O 流类库来实现的。在 C++语言中把数据之间的传输操作称为流，流既可以是数据从内存传送到某个载体或设备中，即输出流；也可以是数据从某个载体或设备传送到内存缓冲区中，即输入流。

在流中，定义了一些处理数据的基本操作，如读取数据，写入数据等。程序员只对流进行操作，而不用关心流的另一头数据的真正位置。流不但可以处理文件，还可以处理动态内存、网络数据等多种形式的数据，并在内存中开辟了一个内存缓冲区来存放流中的数据。

C++的 I/O 流类库具有两个主要的基本类，即 streambuf 类和 ios 类。其他所有的流类都可以由它们派生出来，C++流包括以下三方面内容：

(1) 标准 I/O 流：内存与标准输入输出设备之间进行信息传递的数据流；

(2) 文件 I/O 流：内存与外部文件之间进行信息传递的数据流；

(3) 字符串 I/O 流：内存变量与表示字符串流的字符数组之间进行信息传递的数据流。

以上三种 I/O 流的派生关系如图 10-1 所示，I/O 流类库常用的流类说明如表 10-1 所示。

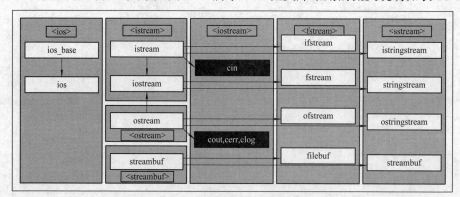

图 10-1　I/O 流的派生关系图

表 10-1　I/O 流类库中的常用流类

类名	说　　明	头文件
ios	流基类	iostream
istream	通用输入流和其他输入流的基类	iostream
ostream	通用输出流和其他输出流的基类	
iostream	通用输入输出流和其他输入输出流的基类	
ifstream	输入文件流类	fstream
ofstream	输出文件流类	
fstream	输入输出文件流类	
istringstream	输入字符串流类	sstream
ostringstream	输出字符串流类	
stringstream	输入输出字符串流类	

10.1.1　streambuf 类

streambuf 是 C++标准程序库中的一个头文件,定义了 C++标准中的流输入输出的基本模板类 std::basic_streambuf。std::basic_streambuf 中,用"开始位置"、"当前位置"、"可利用长度"三个属性来描述输入缓冲区与输出缓冲区。除此之外还定义了大量的常用的流缓冲区操作函数,如读/写一个字符、读 n 个字符、重定位当前指针、设置缓冲区的位置、设置锁操作,等等。具有公共访问属性的成员函数对所有流缓冲区是可用的;保护属性的虚成员函数需要在针对特定流缓冲区的派生类中有专门的实现;其他保护属性的非虚成员函数可以对流缓冲区进行一些基本操作,如获得缓冲区开始指针、当前指针、尾部指针等。C++标准库中的其他流输入输出一般都是派生于 std::basic_streambuf 基类。

streambuf 头文件中还定义了 basic_streambuf 的两个模板特化实例,分别针对字符类型与宽字符类型:

(1)　typedef basic_streambuf<char, char_traits<char>>streambuf;

(2)　typedef basic_streambuf<wchar_t, char_traits<wchar_t>>wstreambuf;

其它辅助模板类:

streambuf 头文件中还定义了模板类 std::istreambuf_iterator,该类用于描述从输入流中读取数据对象的基本操作。它从相关联的 basic_streambuf 定义了解引用(dereference)的 * 操作符、前缀 ++ 操作符、后缀 ++ 操作符、equal 成员函数等。

streambuf 头文件中还定义了模板类 std::ostreambuf_iterator,该类用于描述向输出流中写入数据对象的基本操作。它关联一个输出流 basic_streambuf,不仅定义了写入一个字符的赋值操作符、解引用(dereference)的 * 操作符、前缀 ++ 操作符、后缀 ++ 操作符等,这些操作符都是简单地返回 iterator 自身;还定义了 failed 成员函数,通过内部标志位_Failed 可以查看写入操作是否成功。

10.1.2　ios 类

ios 是抽象基类，它派生出 istream 类和 ostream 类，两个类名中第一个字母 i 和 o 分别代表输入(input)和输出(output)。istream 类支持输入操作，ostream 类支持输出操作，iostream 类支持输入与输出操作。iostream 类是从 istream 类和 ostream 类通过多重继承而派生的类，它们之间的关系如图 10-2 所示。

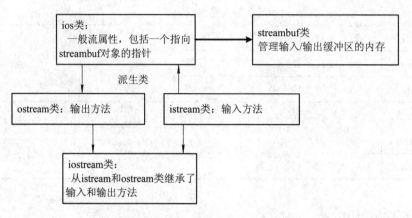

图 10-2　ios 类的派生与继承关系图

10.2　输　入　与　输　出

输入和输出是数据传输的过程，数据如水流一样从一处流向另一处(单方向、一维)。C++形象地将此过程称为流(stream)。C++的输入/输出流是指由若干字节组成的字节序列，这些字节中的数据按顺序从一个对象传送到另一对象。流表示了从信息源到目的端的传输。在输入操作时，字节流从输入设备(如键盘、磁盘)流向内存。在输出操作时，字节流从内存流向输出设备(如屏幕、打印机、磁盘等)。流中的内容可以是 ASCII 字符、二进制形式的数据、图形图像、数字音频视频或其他形式的信息。

实际上，计算机在内存中为每一个数据流开辟了一个内存缓冲区，用来存放流中的数据。当用 cout 和插入运算符"<<"向显示器输出数据时，先将这些数据送到程序中的输出缓冲区保存，直到缓冲区满了或遇到 endl，就将缓冲区中的全部数据送到显示器显示出来。在输入时，从键盘输入的数据先放在键盘缓冲区中，当按回车键时，键盘缓冲区中的数据输入到程序中的输入缓冲区，形成 cin 流，然后用提取运算符">>"从输入缓冲区中提取数据送给程序中的有关变量。总之，流是与内存缓冲区相对应的，或者说，缓冲区中的数据就是流。

在 C++中，输入/输出流被定义为类。C++的 I/O 库中的类称为流类(streamclass)。用流类定义的对象称为流对象。

10.2.1　输入流

标准输入流是指从标准输入设备(例如键盘等)流向程序的数据。在头文件 iostream 中定义了 cin、cout、cerr、clog 四个流对象，cin 是输入流，cout、cerr、clog 是输出流，其中 cerr 为标准错误流，clog 为标准日志流。

1. cin 流

cin 是 istream 类的对象，它从标准输入设备(例如键盘等)接受数据，程序的变量通过流提取符"≫"从 cin 流中提取数据。流提取符"≫"从流中提取数据大多都会跳过输入流中的空格、tab 键、换行符等空白字符。只有在输入完数据再按回车键后，换行的数据才会被送入缓冲区，形成输入流，"≫"才能从中提取数据。

【例 10-1】 通过测试 cin 的真值，判断流对象是否处于正常状态。

```cpp
#include <iostream>
using namespace std;

int main()
{
    float student_grade;
    cout << "输入学生成绩:";
    while (cin >> student_grade)          //如果能从 cin 流读取数据 cin 的值为真，执行循环体
    {
        if (student_grade >= 85)
            cout << student_grade << " good!" << endl;
        if(student_grade < 60)
            cout << student_grade << "fail!" << endl;
    }
    cout << "The end." << endl;
    return 0;
}
```

程序运行结果：

```
输入学生成绩:
59 99 aa
59 fail!
99 good!
The end.
```

2. 字符输入的流成员函数

除了用 cin 输入标准类型的数据外，还可以用 istream 类的流对象的成员函数 get 函数来完成字符或者字符串的输入。

流成员函数 get 有 3 种形式：无参数的、有 1 个参数的、有 3 个参数的。

1) 不带参数的 get 函数

不带参数的 get 函数调用形式为：

```
cin.get()
```

其作用是从指定的输入流中提取一个字符(包括空白字符)，函数的返回值就是读入的字符。

若遇到输入流中的文件结束符，则函数值返回文件结束标志 EOF(End Of File)一般以 −1 来表示，用−1 而不用 0 或正值，是考虑到不与字符的 ASCII 码混淆，但不同的 C++ 系统所用的 EOF 值有可能不同。

【例 10-2】 用 get 函数读入字符。从键盘输入一行字符，用 cin.get()逐个读入字符，将读入字符赋给字符变量 a。如果 a 的值不等于 EOF(EOF 是在 iostream 头文件中定义的符号常量，代表−1)，表示已成功地读入一个有效字符，然后通过 put 函数输出该字符。

```cpp
#include <iostream>
using namespace std;

int main()
{
    char a;
    cout << "请输入一行字符:" << endl;
    while ((a = cin.get()) != EOF)
    cout.put(a);
    return 0;
}
```

程序运行结果：

```
请输入一行字符:
I love C++.
I love C++.
```

2) 带 1 个参数的 get 函数

带 1 个参数的 get 函数调用形式为：

```
cin.get(ch)
```

其作用是从输入流中读取一个字符，赋给字符变量 c。

【例 10-3】 带 1 个参数的 get 函数的使用。

```cpp
#include <iostream>
using namespace std;

int main()
{
    char c;
    cout << "请输入一行字符： " << endl;
    while(cin.get(c))                    //读取一个字符赋给字符变量 c
    cout.put(c);
    cout << "end" << endl;
    return 0;
}
```

程序运行结果：

> 请输入一行字符：
>
> I love C++.
>
> I love C++.

3) 带有 3 个参数的 get 函数

带有 3 个参数的 get 函数调用形式为：

> cin.get(字符数组, 字符个数 n, 终止字符)

或

> cin.get(字符指针, 字符个数 n, 终止字符)

其作用是从输入流中读取 n-1 个字符，赋给指定的字符数组(或字符指针指向的数组)，如果在读取 n-1 个字符之前遇到指定的终止字符，则提前结束读取。如果读取成功则函数返回非 0 值(真)，如失败(遇文件结束符)则函数返回 0 值(假)。

【例 10-4】 带有 3 个参数的 get 函数的使用。

```cpp
#include <iostream>
using namespace std;

int main()
{
    char ch[20];
    cout <<"请输入一行字符： "<< endl;
    cin.get(ch, 9, '\n');
    //指定换行符为终止字符默认终止字符为\n 这里可以省略不写
    cout << ch << endl;
    return 0;
}
```

程序运行结果：

> 请输入一行字符：
>
> I love C++.
>
> I love C

3. 用函数 getline 函数读入一行字符

getline 函数的作用是从输入流中读取一行字符，其用法与带 3 个参数的 get 函数类似。即

> cin.getline(字符数组(或字符指针), 字符个数 n, 终止标志字符)

【例 10-5】 用 getline 函数读入一行字符。

```cpp
#include <iostream>
using namespace std;

int main()
```

```
    {
        char ch[20];
        cout << "请输入一行字符:" << endl;
        cin >> ch;
        cout << "cin 读入的内容是:" << ch << endl;
        cin.getline(ch, 20, '/');              //读 19 个字符或遇' / '结束
        cout << "第二段内容是:" << ch << endl;
        cin.getline(ch, 20);                   //读 19 个字符或遇'/n', 结束
        cout << "第三段内容是:" << ch << endl;
        return 0;
    }
```

程序运行结果:

请输入一行字符:

I like C++．/I study C++．/I am happy.

cin 读入的内容是: I

第二段内容是:like C++．

第三段内容是:I study C++./I am

4．istream 类的其他常用成员函数

1) eof 函数

eof 是 end of file(文件结束)的缩写。从输入流读取数据,如果到达文件末尾(即遇文件结束符),eof 函数值为非零值(true),否则为 0(false)。

【例 10-6】 逐个读入一行字符,将其中的非空格字符输出。

```
    #include <iostream>
    using namespace std;


    int main()
    {
        char ch;
        while (!cin.eof())                     // !cin.eof()作用与 cin.eof()==0 作用相同
        {
            if ((ch = cin.get()) != ' ')       //检查读入的字符是否为空格字符
                cout.put(ch);
        }
        return 0;
    }
```

程序运行结果:

C++　is very interesting.

C++isveryinteresting．

2) peek 函数

peek 函数的作用是观测下一个字符。cin.peek()函数的返回值是指针指向的当前字符，但它只是观测，指针并不移动。如果要访问的字符是文件结束符，则函数值是 EOF(-1)。

3) putback 函数

cin.putback(ch)作用是将前面用 get 或 getline 函数从输入流中读取的字符 ch 返回到输入流，插入到当前指针位置，以供后面读取。

【例 10-7】　peek 函数和 putback 函数的用法。

```
#include <iostream>
using namespace std;

int main()
{
    char c[20];
    int ch;
    cout << "请输入一行字符串" << endl;
    cin.getline(c, 15, '/');
    cout << "第一段是:" << c << endl;
    ch = cin.peek(); //观看当前字符
    cout << "下一个字符的 ASCII 码是:" << ch << endl;
    cin.putback(c[0]);//将'I'插入到指针所指处
    cin.getline(c, 15, '/');
    cout << "第二段是:" << c << endl;
    return 0;
}
```

程序运行结果：

请输入一行字符串
I love C++ ./I love computer./
第一段是: I love C++ .
下一个字符的 ASCII 码是:73
第二段是:II love comput

4) ignore 函数

ignore 函数调用形式为：

cin.ignore(n，终止字符)(不写参数, n 默认值为 1，终止字符默认为 EOF)

函数作用是跳过输入流中 n 个字符，或在遇到指定的终止字符时提前结束(此时跳过包括终止字符在内的若干字符)。

【例 10-8】　用 ignore 函数跳过输入流中的字符。先看不用 ignore 函数的情况。

```
#include <iostream>
using namespace std;
```

```
int main()
{
    char ch[20];
    cout <<"请输入一行字符串"<< endl;
    cin.get(ch, 20, '/');
    cout << "第一段是:" << ch << endl;
    cin.get(ch, 20, '/');
    cout << "第二段是:" << ch << endl;
    return 0;
}
```

程序运行结果：

> 请输入一行字符串
>
> I love C++./I love computer./
>
> 第一段是:I love C++.
>
> 第二段是:

第二段为空的原因是字符数组 ch 中没有从输入流中读取有效字符。

如果希望第二个 cin.get 函数能读取"I love computer."，就需要跳过第一个 '/'，而这可以用 ignore 函数来实现，将程序改为：

```
#include <iostream>
using namespace std;

int main()
{
    char ch[30];
    cin.get(ch, 30, '/');
    cout << "第一段是:" << ch << endl;
    cin.ignore(); //跳过输入流中一个字符
    cin.get(ch, 30, '/');
    cout << "第二段是:" << ch << endl;
    return 0;
}
```

程序运行结果：

> 请输入一行字符串
>
> I love C++./I love computer./
>
> 第一段是:I love C++.
>
> 第二段是:I love computer.

以上介绍的各个成员函数，不仅可以用 cin 流对象来调用，而且也可以用 istream 类的其他流对象调用。

10.2.2　输出流

标准输出流：标准输出流是流向标准输出设备(显示器等)的数据。ostream 类定义了 3 个输出流对象，即 cout、cerr、clog。分述如下：

1．cout 流对象

cout 是 console output 的缩写，意为在控制台(终端显示器)的输出。

(1) cout 不是 C++预定义的关键字，它是 ostream 流类的对象，在 iostream 中定义。顾名思义，流是流动的数据，cout 流是流向显示器的数据。cout 流是容纳数据的载体，它并不是一个运算符，人们关心的是 cout 流中的内容，也就是向显示器输出什么。

(2) 用"cout<<"输出基本类型的数据时，可以不必考虑数据是什么类型，系统会判断数据的类型，并根据其类型选择调用与之匹配的运算符重载函数。这个过程都是自动的，用户无需干预。

(3) cout 流在内存中对应开辟了一个缓冲区，用来存放流中的数据。当向 cout 流插入一个 endl 时，不论缓冲区是否已满，都立即输出流中所有数据，然后插入一个换行符，并刷新流(清空缓冲区)。注意如果插入一个换行符 '\n'(如 count<<a<<'\n';)，则只输出 a 和换行，而不刷新 cout 流。

(4) 在 iostream 中只对"<<"和">>"运算符用于标准类型数据的输入输出进行了重载，但未对用户声明的类型数据的输入输出进行重载。如果用户声明了新的类型，并希望用"<<"和">>"运算符对其进行输入输出，则需要对"<<"和">>"运算符另作重载。

2．cerr 流对象

cerr 流对象是标准出错流。cerr 流已被指定为与显示器关联。cerr 的作用是向标准出错设备(standard error device)输出有关的出错信息。cerr 是 console error 的缩写，意为在控制台(显示器)显示出错信息。cerr 与标准输出流 cout 的作用和用法差不多。但有一点不同的是，cout 流通常是传送到显示器输出，但也可以被定向输出到磁盘文件；而 cerr 流中的信息只能在显示器输出。当调试程序时，往往不希望程序运行时的出错信息被送到其他文件，而要求在显示器上及时输出，这时应该用 cerr。cerr 流中的信息是用户根据需要指定的。

【例 10-9】有一元二次方程 $ax^2+bx+c=0$，其一般解为 x_1 与 x_2，但若 $a=0$ 或 $b^2-4ac<0$ 时，则此公式出错。编写程序，从键盘输入 a、b、c 的值，求 x_1 和 x_2。如果 $a=0$ 或 $b^2-4ac<0$，输出出错信息。

```
#include <iostream>
#include <cmath>
//cmath 是 C++ 标准风格的头文件，位于 std 命名空间
//包含一些常见的数学函数，比如平方、正余弦等等
using namespace std;
int main()
{
    float a, b, c, disc;
    cout << "请输入  a, b, c:";
```

```
        cin >> a >> b >> c;
        if (a == 0)
        {
            cerr <<"Warn: a = 0"<< endl;
            //将出错信息插入 cerr,屏幕输出
        }
        else if ((disc = b * b - 4 * a * c) < 0)
        {
            cerr << "disc = b * b – 4 * a * c < 0" << endl;
            //将出错信息插入 cerr 流，屏幕输出
        }
        else
        {
            cout << "x1 = " << (-b + sqrt(disc)) / (2 * a) << endl;
            cout << "x2 = " << (-b - sqrt(disc)) / (2 * a) << endl;
        }
        return 0;
    }
```

程序运行结果：

```
请输入 a, b, c:0 2 3
Warn: a = 0


请输入 a, b, c：2 2 3
disc = b * b – 4 * a * c < 0


请输入 a, b, c; 1 2.5 1.5
x1 = -1
x2 = -1.5
```

3. clog 流对象

clog 流对象也是标准出错流，它是 console log 的缩写。它的作用和 cerr 相同，都是在终端显示器上显示出错信息。它们之间只有一个微小的区别：cerr 不经过缓冲区，直接向显示器上输出有关信息，而 clog 中的信息存放在缓冲区中，缓冲区满后或遇 endl 时才向显示器输出。

10.3　文件的输入/输出

所谓"文件"是指一组相关数据的有序集合。数据以文件的形式存放在外部介质(一般是磁盘、磁带、光盘等)上。在操作系统中是以文件为单位对数据进行管理的，以文件名作

为访问文件的标识。C++语言把文件看作一个字节序列，即由一连串的字节组成。根据文件中的数据组织形式，数据文件可分为 ASCII 码文件和二进制文件。ASCII 码文件，又称为"文本文件"(text)，其每一个字节存放一个 ASCII 码。二进制文件，把内存中的数据按其在内存中的存储形式存放在磁盘上。

文件分类主要有以下几种方式：

1) 外部文件和内部文件

外部文件：指磁盘文件，也是通常所谓的文件。

内部文件：指在程序中运行的文件，更正式的称谓是"文件流对象"。

程序中操作的是内部文件，最后保存的是外部文件。

2) 文本文件和二进制文件

文本文件：由字符序列组成，以字符(character)为存取最小信息单位，也称"ASCII 码文件"。

二进制文件：由二进制数组成。

文件的内容数据类型多样，在 C++中将文件看成是由字符(或字节)构成的序列，即字符流。流文件中的基本单位是字节，磁盘文件和内存变量之间的数据交流以字节为基础。

10.3.1　文件的打开与关闭

在 C++中完成对文件的输入/输出，首先需要创建一个流对象，然后将这个流对象与文件关联，需要打开文件才能进行读写操作，读写操作完成后再关闭这个文件。

1. 声明一个文件流对象

文件流类型 ifstream 支持从输入文件中提取数据的操作。文件流类型 ofstream 完成数据写入输出文件过程中的各种操作。ifile 是输入文件流对象，用于读；ofile 是输出文件流对象，用于写。例如：

```
ifstream ifile;          //说明输入文件流对象 ifile
ofstream ofile;          //说明输出文件流对象 ofile
```

2. 文件的打开

打开文件，在文件流对象和磁盘文件之间建立联系。例如：

```
ifile.open("d:\\my_in_file.txt" );
ofile.open("d:\\my_out_file.txt" );
```

说明：

(1) 双引号中的字符串(如"d:\\my_in_file.txt")为磁盘文件路径名。

(2) 通过输入文件流对象(如 ifile)或输出文件流对象(如 ofile)打开指定磁盘文件，在文件流对象和磁盘文件之间建立联系。

输入/输出文件流对象都被称为"内部文件"，即和对应磁盘文件联系的"虚文件"。

3. 文件的关闭

文件操作结束后，应该显式地关闭该文件，与打开文件相对应，例如：

```
ifile.close();
```

```
        ofile.close();
```

关闭文件时，系统把与该文件相关联的文件缓冲区中的数据写到磁盘文件中，保证文件的完整；同时把磁盘文件名与文件流对象之间的关联断开，可防止误操作修改了磁盘文件。

10.3.2　文件的读写

1．对文本文件进行读写操作。

流的读写主要有"<<"、">>"、"get"、"put"、"read"、"write"等操作，ofstream 继承自 ostream，ifstream 继承自 istream，故操作函数都是一致的。

【例 10-10】　文本文件进行读写操作。

```cpp
#include <iostream>
#include <fstream>
#include <string>
#include <cassert>
using namespace std;

int main()
{
    ofstream fout("test.txt");
    //向该项目目录下的 test.txt 输出，如果没有 test.txt 则新建
    fout << "abc" << " " << 200;
    fout.close();

    ifstream fin("test.txt");
    string s;
    int n;

    fin >> s >> n;
    cout << s << " " << n << endl;
    fin.close( );

    ofstream fout1("test2.txt");
    //向该项目下的 test2.txt 输出，若没有 test2.txt 则新建
    assert(fout1);
    char ch;

    for (int i = 0; i < 26; i++)
    {
```

```
        ch = 'A' + i;
        fout1.put(ch);
    }
    fout1.close();

    ifstream fin1("test2.txt");
    while (fin1.get(ch))
    {
        cout << ch;
    }
    cout << endl;
    fin1.close( );

    return 0;
}
```

程序运行结果：

> abc 200
>
> ABCDEFGHIJKLMNOPQRSTUVWXYZ

文件读写在文件缓冲区中进行。

最常见的文件读写方式是顺序读写，即从文件头开始进行。

顺序读写可用 C++的提取运算符"＞＞"和插入运算符"＜＜"进行；也可以用读字符的 get()和读字符串的 getline()等函数进行。

【例 10-11】　将百鸡问题计算结果存入文件。

```
    #include <fstream>
    #include <iomanip>
    using namespace std;

    int main()
    {
        int i, j, k;
        ofstream ofile;                        //定义输出文件
        ofile.open("d:\\myfile.txt");          //作为输出文件打开
        ofile << setw(6) << "公鸡" << setw(10) << "母鸡" << setw(10)
            << "小鸡" << endl;                  //标题写入文件
        for (i = 0; i <= 20; i++)
        for (j = 0; j <= 33; j++)
        {
            k = 100 - i - j;
            if ((5 * i + 3 * j + k / 3 == 100) && (k % 3 == 0))
```

```
        ofile << setw(6) << i << setw(10)
            << j << setw(10) << k << endl;
                                                //数据写入文件
    }
    ofile.close();                          //关闭文件
    return 0;
}
```

程序运行结果：

公鸡	母鸡	小鸡
0	25	75
4	18	78
8	11	81
12	4	84

【例 10-12】 读出存放百鸡问题计算结果的文件。

```
#include <fstream>
#include <iostream>
#include <iomanip>
using namespace std;

int main()
{
    char a[28];
    ifstream ifile;                         //定义输入文件
    ifile.open("d:\\myfile.txt");           //作为输入文件打开
    int i = 0, j, k;
    while (ifile.get(a[i]))
    //读标题，请对比 cin.get()，不可用 ">>"，它不能读空白字符
    {
        if (a[i] == '\n')
            break;
        i++;
    }
    a[i] = '\0';
    cout << a << endl;
    while(1)
    {
        ifile >> i >> j >> k;               //由文件读入数据
        if(ifile.eof() != 0)
            break;                          //当读到文件结束时，ifile.eof()为真
```

```
        cout << setw(6) << i << setw (10)
            << j << setw(10) << k << endl;        //屏幕显示
    }
    ifile.close();                               //关闭文件
    return 0;
}
```

重要提示：

(1) 操作步骤的第 1、2 步可以合并为 1 步，即说明文件流对象同时打开对应的磁盘文件。例如：

```
        ifstream ifile("d:\\my_in_file.txt");         //说明输入文件流对象 ifile 并打开文件
        ofstream ofile("d:\\my_out_file.txt");        //说明输出文件流对象 ofile 并打开文件
```

(2) 输出文件流对象打开文件时，若磁盘文件不存在，会自动建立文件；但指定目录必须存在，否则建立文件失败。

(3) 计算机将外部设备也作为文件进行管理。例如：键盘和显示器是标准的输入、输出。

(4) 磁盘文件操作与键盘、显示器操作非常相似。例题中用输出文件流对象(如 ofile)代替 cout，输入文件流对象(如 ifile)代替 cin，数据的去向和来源则由显示器和键盘改为磁盘文件。

(5) 对文件进行操作，必须在程序前增加一句"#include<fstream>"。

2．对二进制文件进行读写操作

二进制文件不同于文本文件，它可用于任何类型的文件(包括文本文件)。

对二进制文件的读写可采用从 istream 类继承的成员函数 read()和从 ostream 类继承的成员函数 write()。

文件打开操作时使用枚举常量 ios::binary，例如：

```
        ofstream fout("binary.dat", ios::out | ios::binary);
```

1) write 成员函数

函数功能：以字节为单位向文件流中写入整块数据。

函数原型：

```
    ostream& write( const char* pch, int nCount );
```

函数参数：

(1) pch：写入数据的指针。

(2) nCount：写入数据的字节数。

2) read 成员函数

函数功能：从文件流中读出整块数据。

函数原型：

```
    istream& read( char* pch, int nCount );
```

函数参数：

(1) pch：用来接收数据的指针。

(2) nCount：读取的字节数的大小。

【例10-13】 二进制文件进行读写操作。

```cpp
#include <cassert>
#include <iostream>
#include <fstream>
#include <cstring>
using namespace std;

struct Test
{
    int a;
    int b;
};

int main()
{
    ofstream fout("test3.txt", ios::out | ios::binary);          // 二进制方式打开，'\n'不做转换
    fout <<"ABC\n";                                              // <<是以文本方式写入
    fout.close();

    Test test = { 100, 200 };
    ofstream fout1("test4.txt", ios::out | ios::binary);
    fout1.write(reinterpret_cast<char *>(&test), sizeof(Test));  // 二进制方式写入
    fout1.close();

    Test test2;
    ifstream fin("test4.txt", ios::in | ios::binary);
    fin.read(reinterpret_cast<char *>(&test2), sizeof(Test));
    cout << test2.a <<" "<< test2.b << endl;

    ofstream fout2("test5.txt", ios::out | ios::binary);
    fout2 <<"abc"<< 200;                                         // <<是以文本方式写入
    fout2.close();
    return 0;
}
```

程序运行结果：

100 200

在 Windows 下以文本方式打开文件，以文本方式写入 '\n' 时转换为 '\r\n'，以二进制方式打开则不做转换，故 test3.txt 文件大小为 4 个字节。而写入 100(write 是以二进制方式写入)就不再是写入 '1', '0', '0' 的 ASCII 码，而是按照内存本来二进制形式写入，故用文本编辑

器打开 test4.txt 时会出现乱码，文件大小为 8 个字节(两个 int)。同理，test5.txt 虽然以二进制打开，但是以文本方式("<<"是以文本方式写入)写入的，故写入 200 后用文本编辑器打开不会出现乱码，文件大小为 6 个字节。

3．随机文件的读写操作

1) 当前文件流活动指针

文件流指针用以跟踪发生 I/O 操作的位置。

每当从流中读取或写入一个字符，当前活动指针就会向前移动。

当打开方式中不含有 ios::ate 或 ios::app 选项时，则文件指针被自动移到文件的开始位置，即字节地址为 0 的位置。

2) 文件的随机读写 seekp 和 seekg

seekp 用来设置输出文件流的文件流指针位置，而 seekg 用来设置输入文件流的文件流指针位置。

函数原型：

```
ostream& seekp( streampos pos );

ostream& seekp( streamoff off, ios::seek_dir dir );

istream& seekg( streampos pos );

istream& seekg( streamoff off, ios::seek_dir dir );
```

函数参数：

(1) pos：新的文件流指针位置值。

(2) off：需要偏移的值。

(3) dir：搜索的起始位置。

dir 参数用于对文件流指针的定位操作，代表搜索的起始位置。

在 ios 中定义的枚举类型：

```
enum seek_dir {beg, cur, end};
```

每个枚举常量的含义：

(1) ios::beg：文件流的起始位置。

(2) ios::cur：文件流的当前位置。

(3) ios::end：文件流的结束位置。

tellp 和 tellg 函数功能分别为：

(1) tellp：获得输出的文件流指针的当前位置，以字节为单位。

(2) tellg：获得输入的文件流指针的当前位置，以字节为单位。

函数原型：

```
streampos tellp();

streampos tellg();
```

函数返回值：实际上是一个 long 类型。

【例 10-14】　文件的随机读写操作。

```
#include <cassert>

#include <iostream>
```

```
#include <fstream>
#include <string>
using namespace std;

int main()
{
    ifstream fin("test7.txt");
    fin.seekg(2);                    //位置从 0 开始计数
    char ch;
    fin.get(ch);
    cout << ch << endl;
    fin.seekg(-1, ios::end);         // end  实际上是 EOF 位置
    fin.get(ch);
    cout << ch << endl;
    fin.seekg(0, ios::end);
    streampos pos = fin.tellg();
    cout << pos << endl;
    return 0;
}
```

假设 test、txt 中内容为 abcdefg，程序运行结果：

```
c
g
7
```

10.4 异 常 处 理

异常处理是 C++语言的一种工具，这种工具能够对程序中某些事先可以预测的错误进行测试和处理。C++语言使用了 throw 和 try-catch 语句支持异常处理。

10.4.1 异常和异常处理

程序员都希望自己的程序没有错误，运行之后能得到期望的结果。但是实际情况是，即使是很有经验的程序员也难免会出现各种错误，关键是要有处理各种错误的机制。异常处理可以帮助编程者处理某些错误。

程序中的错误可以分为语法错误和运行错误。运行错误通常包括不可预料的逻辑错误和可预料的运行异常。逻辑错误常常是由于设计者设计不当所引起的。运行异常是由系统运行环境造成的，事先可预料，例如数组下标越界、内存不足、文件无法打开等，这类错误可以通过增加一些预防代码来避免。

异常指的是不同，即与期望的结果不同，它是一种错误，但又不是通常意义上的错误。异常这种差错可以被定义、被发现和处理。例如：某个月份值为 13，虽然运行时程序并不出错，但是可以认为这是一种异常，应给予处理。

C++语言中提供了如下的异常处理方法：

在执行某个函数时检查出了异常，通常不在本函数中处理，而是通过 throw 抛出异常的机制，将异常传送给调用它的函数(上级函数)，它的上级函数通过 catch 捕捉到这个异常信息后进行处理。如果上一级的函数也不能处理异常，则只好再传给更上一级函数处理。如果没有任何一级函数能处理该异常，则该异常只好终止程序的执行。

不在同一个函数中发现并处理异常可以使低层函数专心于解决该函数的功能，而不用关心如何处理异常。将异常交给上层函数处理，减轻了低层函数的负担，提高了程序运行效率。

在 C++语言中，任何需要检测异常的语句都应该在 try 语句块中执行。如果异常条件存在，则首先使用 throw 语句引发一个异常，然后该异常由紧跟在 try 语句后面的 catch 语句来捕获并处理。因此，try 与 catch 是结合使用的。

throw 语句的一般语法如下：

```
throw<异常类型表达式>
```

try 和 catch 语句的一般语法如下：

```
try
{
    //try 语句
}
catch(类型1 参数1)
{
    //针对类型1的异常情况进行的处理
}
catch(类型2 参数2)
{
    //针对类型2的异常情况进行的处理
}
catch(类型3 参数3)
{
    //针对类型3的异常情况进行的处理
}
...
catch(类型n 参数n)
{
    //针对类型n的异常情况进行的处理
}
```

10.4.2 异常处理的实现

C++语言中的异常处理通过以下 3 步来实现：

(1) 检查异常(使用 try 语句块)。

(2) 抛出异常(使用 throw 语句块)。

(3) 捕捉异常(使用 catch 语句块)。

其中(1)(3)两步在上级函数中处理；第(2)步在可能出现异常的当前函数中处理。

【例 10-15】 C++异常处理的过程示例。

```cpp
#include<iostream>
using namespace std;
int divide(int x,int y)
{
    if(y==0)
        throw(x);
    return x / y;
}

int main()
{
    int a = 10, b = 5, c = 0;
    try{
        cout << "a / b = " << divide(a, b) << endl;
        cout << "b / a = " << divide(b, a) << endl;
        cout << "a / c = " << divide(a, c) << endl;
        cout << "c / b = " << divide(c, b) << endl;
    }
    catch(int)
    {
        cout << "except of divide zero" << endl;
    }
    cout << "calculate finished" << endl;
    return 0;
}
```

程序运行结果：

```
a / b = 2
b / a = 0
except of divide zero
calculate finished
```

通过本例来总结一下异常处理的实现过程。

(1)　throw 语句的功能是抛出异常，其格式如下：

```
throw(表达式);
```

或

```
throw;
```

(2)　try-catch 语句块可以用来检测、捕获并处理异常，其格式如下：

```
try
{
    被进行异常检查的语句;
}
    catch(异常信息类型或变量)
{
    异常处理语句;
}
```

try-catch 语句块如果一起出现在可能出现异常的函数的上级函数中(如例 10-15 中 main 函数)，一定是 try 块在先 catch 在后，try 和 catch 块之间不能有任何其他语句。若只有 try 块而没有 catch 块，此时表示只检查异常但不处理异常。当只有一个 try 块时，对应的 catch 块可以有多个，表示可以与不同的异常信息相匹配。

需要检查异常的函数必须放在 try 块中，检测到异常后如何处理的语句必须放在 catch 块中。

在面向对象的程序设计中，经常需要使用 C++语言的异常处理提高程序的健壮性，如何正确使用 C++语言的异常处理工具，请参阅其他相关资料。

10.5　程序实例——人事信息管理程序的改进(4)

在前面章节中，人事管理系统程序能够管理多工种的人事信息数据，包括显示人事数据、添加人事数据和修改人事数据等功能。本章将使用输入/输出流类向管理程序添加文件存储功能，将人事信息数据保存在本地硬盘。在本例中，对"＞＞"和"＜＜"进行操作符重载，使之能够支持所有员工派生类的文件输入/输出流。

【例 10-16】　人事信息管理程序的改进。

```
//Employee.h
#pragma once

#include<string>
#include <iostream>
#include <fstream>
using namespace std;

class Employee
```

```
{
protected:
    int lognumber;                              //编号
    string name;                                //名字
    string idnumber;                            //身份证号码
    int sex;                                    //性别
    string department;                          //所在部门
    int role;                                   //工种  Technician：0 Salesman：1
public:
    Employee(void);                             //定义默认的默认构造函数
    Employee(int amount,string tname, string tid, int tsex, string tdepart)
        :lognumber(amount), name(tname), idnumber(tid), sex(tsex),
            department(tdepart){ }                //定义带参数的构造函数
    virtual ~Employee(void);                    //定义虚析构函数

    virtual void show() = 0;                     //显示信息函数
    virtual void alter() = 0;                    //更改信息函数
    virtual void add(const int &amount) = 0;     //添加信息函数
    virtual void load(ifstream &infile) = 0;     //读取文件函数
    virtual void save(ofstream &outfile) = 0;    //写入文件函数

    string getName(){ return name; }            //获取名字函数
    int getRole(){ return role; }               //获取工种函数
};
//Salesman.h
#pragma once
#include "Employee.h"

class Salesman : public Employee
{
private:
    float sale;                                 //月销售额
    float rate;                                 //提成率
public:
    Salesman(void){ role = 1; }
    ~Salesman(void){ }

    void show();                                //显示信息函数
    void alter();                               //更改信息函数
```

```cpp
    void add(const int &amount);                 //添加信息函数
    void load(ifstream &infile);                 //读取文件函数
    void save(ofstream &outfile);                //写入文件函数
};
//Salesman.cpp
#include "Salesman.h"

void Salesman::show()                            //显示信息函数
{
    cout << lognumber << "\t" << name << "\t" << idnumber << "\t";
    if(sex == 1)
    {
        cout << "男\t";
    }
    else
    {
        cout << "女\t";
    }
    cout << department << "\t";
    cout << sale << "\t";
    cout << "销售员" << endl;
}


void Salesman::alter()                           //修改信息函数
{
    cout << "请按照以下格式输入新信息" << endl;
    cout << "姓名" << " " << "身份证号" << " " << "性别(0 女 1 男)" << " "
        << "部门" << " " << "月销售额" << " " << "提成" << endl;
    string tname, tid, tdepart;
    int tsex;
    float tsale, trate;
    cin >> tname >> tid >> tsex >> tdepart >> tsale >> trate;
    name = tname;
    idnumber = tid;
    sex = tsex;
    department = tdepart;
    sale = tsale;
    rate = trate;
    cout << "成功修改数据！" << endl;
```

```
}

void Salesman::add(const int &amount)                    //添加信息函数
{
    cout << "请按照下列格式输入信息" << endl;
    cout << "姓名" << " " << "身份证号" << " " << "性别(0 女 1 男)" << " "
        << "部门" << " " << "月销售额" << " " << "提成" << endl;
    string tname, tid, tdepart;
    int tsex;
    float tsale, trate;
    cin >> tname >> tid >> tsex >> tdepart >> tsale >> trate;
    lognumber = amount;
    name = tname;
    idnumber = tid;
    sex = tsex;
    department = tdepart;
    sale = tsale;
    rate = trate;
    cout << "成功存入数据！现有["<< amount <<"]条人员数据" << endl;
}

void Salesman::load(ifstream &infile){                   //读取文件函数
    int tlognumber, trole;
    string tname, tid, tdepart;
    int tsex;
    float tsale, trate;

    infile >> tlognumber >> trole >> tname >> tid >> tsex
        >> tdepart >> tsale >> trate;
    lognumber = tlognumber;
    role = trole;
    name = tname;
    idnumber = tid;
    sex = tsex;
    department = tdepart;
    sale = tsale;
    rate = trate;
}
```

```cpp
void Salesman::save(ofstream &outfile)              //写入文件函数
{
    outfile << lognumber << " " << role << " "
        << name << " " << idnumber << " " << sex << " "
        << department << " " << sale << " " << rate ;
}


//Technician.h
#pragma once
#include "Employee.h"

class Technician : public Employee
{
private:
    float worktime;                          //工时
    float salary;                            //时薪

public:
    Technician(void){ role = 0; }
    ~Technician(void){ }

    void show();                             //显示信息函数
    void alter();                            //更改信息函数
    void add(const int &amount);             //添加信息函数
    void load(ifstream &infile);             //读取文件函数
    void save(ofstream &outfile);            //写入文件函数
};


//Technician.cpp
#include "Technician.h"

void Technician::show()                      //显示信息函数
{
    cout << lognumber << "\t" << name << "\t" << idnumber << "\t";
    if(sex == 1)
    {
        cout << "男\t";
    }
    else
```

```cpp
    {
        cout << "女\t";
    }
    cout << department << "\t";
    cout << salary << "\t" ;
    cout << "技术员" << endl;
}


void Technician::alter()                                    //修改信息函数
{
    cout << "请按照以下格式输入新信息" << endl;
    cout << "姓名" << " " << "身份证号" << " " << "性别(0 女 1 男)" << " "
        << "部门" << " " << "工时" << " " << "时薪" << endl;
    string tname, tid, tdepart;
    int tsex;
    float tworktime, tsalary;
    cin >> tname >> tid >> tsex >> tdepart >> tworktime >> tsalary;
    name = tname;
    idnumber = tid;
    sex = tsex;
    department = tdepart;
    worktime = tworktime;
    salary = tsalary;
    cout << "成功修改数据！" << endl;
}


void Technician::add(const int &amount)                     //添加信息函数
{
    cout << "请按照下列格式输入信息" << endl;
    cout << "姓名" << " " << "身份证号" << " " << "性别(0 女 1 男)" << " "
        << "部门" << " " << "工时" << " " << "时薪" << endl;
    string tname,tid,tdepart;
    int tsex;
    float tworktime, tsalary;
    cin >> tname >> tid >> tsex >> tdepart >> tworktime >> tsalary;
    lognumber = amount;
    name = tname;
    idnumber = tid;
    sex = tsex;
```

```
        department = tdepart;
        worktime = tworktime;
        salary = tsalary;
        cout << "成功存入数据！现有["<< amount <<"]条人员数据" << endl;
}


void Technician::load(ifstream &infile)                     //读取文件函数
{
        int tlognumber, trole;
        string tname, tid, tdepart;
        int tsex;
        float tworktime, tsalary;

        infile >> tlognumber >> trole >> tname >> tid >> tsex
            >> tdepart >> tworktime >> tsalary;
        lognumber = tlognumber;
        role = trole;
        name = tname;
        idnumber = tid;
        sex = tsex;
        department = tdepart;
        worktime = tworktime;
        salary = tsalary;
}


void Technician::save(ofstream &outfile)                     //写入文件函数
{
        outfile << lognumber << " " << role << " "
            << name << " " << idnumber << " " << sex << " "
            << department << " " << worktime << " " << salary ;
}


//DataManager.h
#pragma once
#include <vector>
#include "Salesman.h"
#include "Technician.h"


//操作符>>重载函数，支持所有 Employee 类及派生类的对象
```

```cpp
ifstream& operator>>(ifstream &infile, Employee *pData);
//操作符<<重载函数，支持所有 Employee 类及派生类的对象
ofstream& operator<<(ofstream &outfile, Employee *pData);

class DataManager
{
private:
    vector<Employee*> logdata;                              //人事数据
public:
    DataManager(void){
            vector<Employee*>::iterator ilocation;
            for(ilocation = logdata.begin(); ilocation != logdata.end(); ilocation++)
                *ilocation = NULL;
    }
    ~DataManager(void){
        vector<Employee*>::iterator ilocation;
        for(ilocation = logdata.begin(); ilocation != logdata.end(); ilocation++)
            if (*ilocation != NULL){
                delete *ilocation;
                *ilocation = NULL;
            }
    }

    int getCount(){
        return logdata.size();
    }

    void add(Employee* tData){                              //添加信息函数
        logdata.push_back(tData);
        logdata[logdata.size() - 1]->add(logdata.size());
    }

    string alter(){                                        //修改信息函数
        string s;
        cout <<"请输入要修改的名字"<< endl;
        cin >> s;
        vector<Employee*>::iterator ilocation;
        for(ilocation = logdata.begin(); ilocation != logdata.end(); ilocation++)
        {
```

```
            if((*ilocation)->getName() == s)
            {
                (*ilocation)->alter();
                return "修改成功";
            }
        }
        return "名字不存在！";
}


void showAll(){                             //显示所有人员信息
    showTechnician();
    showSalesman();
}


void showTechnician()                       //显示所有技术人员信息
{
    cout << "编号" << "\t" << "姓名" << "\t"
        << "身份证号" << "\t" << "性别" << "\t" << "所在部门" << "\t"
        << "工时" << "\t" << "时薪" << "\t" << "工种" << endl;
    vector<Employee*>::iterator ilocation;
    for(ilocation = logdata.begin(); ilocation != logdata.end(); ilocation++)
    {
        if((*ilocation)->getRole() == 0)// role == 0  表示该类 Technician
        {
            (*ilocation)->show();
        }
    }
}


void showSalesman()                         //显示所有销售人员信息
{
    cout << "编号" << "\t" << "姓名" << "\t"
        << "身份证号" << "\t" << "性别" << "\t" << "所在部门" << "\t"
        << "月销售额" << "\t" << "提成" << "\t" << "工种" << endl;
    vector<Employee*>::iterator ilocation;
    for(ilocation = logdata.begin(); ilocation != logdata.end(); ilocation++)
    {
        if((*ilocation)->getRole() == 1)// role == 1  表示该类 Salesman
        {
```

```
            (*ilocation)->show();
        }
    }
}


void loadAll(){                                    //从文件读取所有人员信息
    logdata.clear();
    loadTechnician();
    loadSalesman();
}


void loadTechnician()                              //从技术人员文件读取所有信息
{
    ifstream infile("技术人员.txt", ios::in);
    if (!infile)
    {
        cout << "打开 技术人员.txt 失败" << endl;
        return;
    }
    while (!infile.eof())
    {
        Technician* pTechnician = new Technician();
        infile >> pTechnician;
        logdata.push_back(pTechnician);
    }
    infile.close();
    showTechnician();
}


void loadSalesman()                                //从销售人员文件读取所有信息
{
    ifstream infile("销售人员.txt", ios::in);
    if (!infile)
    {
        cout << "打开 销售人员.txt 失败" << endl;
        return;
    }
    while (!infile.eof())
    {
```

```cpp
        Salesman* pSalesman = new Salesman();
        infile >> pSalesman;
        logdata.push_back(pSalesman);
    }
    infile.close();
    showSalesman();
}


void saveAll()                                      //向文件保存所有人员信息
{
    if(saveTechnician() == 0) cout << "技术人员数据保存成功" << endl;
    if(saveSalesman() == 0) cout << "销售人员数据保存成功" << endl;
}


int saveTechnician()                                //向技术人员文件保存数据
{
    ofstream outfile("技术人员.txt", ios::out);
    if (!outfile)
    {
        cout << "打开 技术人员.txt 失败" << endl;
        return -1;
    }
    vector<Employee*>::iterator ilocation;
    for(ilocation = logdata.begin(); ilocation != logdata.end(); ilocation++)
    {
        if ((*ilocation)->getRole() == 0)                //role = 0 技术人员
        {
            outfile << "\n";
            outfile << (*ilocation);
        }
    }
    outfile.close();
    return 0;
}


int saveSalesman()                                  //向销售人员文件保存数据
{
    ofstream outfile("销售人员.txt", ios::out);
    if (!outfile)
```

```cpp
        {
            cout << "打开 销售人员.txt 失败" << endl;
            return -1;
        }
        vector<Employee*>::iterator ilocation;
        for(ilocation = logdata.begin(); ilocation != logdata.end(); ilocation++)
        {
            if ((*ilocation)->getRole() == 1)//role = 1 销售人员
            {
                outfile << "\n";
                outfile << (*ilocation);
            }
        }
        outfile.close();
        return 0;
    }
};

//DataManager.cpp
#include "DataManager.h"

ifstream& operator>>(ifstream &infile, Employee *pData)
{
    pData->load(infile);
    return infile;
}

ofstream& operator<<(ofstream &outfile, Employee *pData)
{
    pData->save(outfile);
    return outfile;
}

//main.cpp
#include "DataManager.h"

int main(void)
{
    DataManager dataManager;
```

```
int op;
while(1)
{
        cout << "请输入操作号" << endl;
        cout << "1-新增技术人员数据" << "\n" << "2-更改技术人员数据" << "\n"
            << "3-列出所有技术人员数据" << "\n"
            << "4-新增销售人员数据" << "\n" << "5-更改销售人员数据" << "\n"
            << "6-列出所有销售人员数据" << "\n"
            << "7-载入人员数据" << "\n" << "8-保存人员数据" << "\n" << "9-退出系统"
            << endl;
    cin >> op;
    Technician* pTechnician = NULL;
    Salesman* pSalesman = NULL;
    switch(op)
    {
    case 1:
        pTechnician = new Technician();
        dataManager.add(pTechnician);          //添加单个技术人员信息
        break;
    case 2:
        cout << dataManager.alter() << endl;   //修改信息
        break;
    case 3:
        dataManager.showTechnician();          //显示所有技术人员信息
        break;
    case 4:
        pSalesman = new Salesman();
        dataManager.add(pSalesman);            //添加单个销售人员信息
        break;
    case 5:
        cout << dataManager.alter() << endl;   //修改信息
        break;
    case 6:
        dataManager.showSalesman();            //显示所有销售人员信息
        break;
    case 7:
        dataManager.loadAll();                 //从文件读取所有人员信息
        break;
    case 8:
```

```
            dataManager.saveAll();              //向文件保存所有人员信息
            break;
        default:
            exit(0);
        }
    }
    return 0;
}
```

本 章 小 结

标准输入/输出和文件输入/输出是本章介绍的主要内容之一。本章主要通过 iostream 和 fstream 文件构成 I/O 类库来实现标准的输入/输出和文件的输入/输出。标准输入/输出是从键盘输入数据，从屏幕输出数据。文件输入/输出是将数据输入到存储介质上，然后将结果输出到外存储介质。本章的另一个重点内容是介绍了异常问题处理。程序运行中的有些错误是可以预料但不可避免的。当错误出现时，要力争做到用户可以排除环境错误，继续运行程序，这就是异常处理的任务。C++语言提供对处理异常情况的内部支持。throw 语句和 try-catch 语句就是 C++语言中用于异常处理的机制。

习题

1. 编写程序，打开一个文本文件，该文件存储了若干个整数值，每个整数值用空格分隔。读取该文件中所有的整数值，求这些整数值的和、平均值、最大值和最小值，将结果输出到控制台。

2. 编写程序，打开一个二进制文件 temp.dat，如果文件不存在，则先创建该文件。随机生成 100 个整数值，将数据写入到文件中。然后再读取文件的所有数据并进行排序，将结果输出到控制台。

3. 编写程序，读入一个 C++源代码文件，统计每个保留字在文件中出现的次数。假设保留字字集以下形式保存：

vector<string> s;
s.push_back("asm");
s.push_back("auto");
…
s.push_back("while");

4. 定义一个异常类，该类包含一个成员函数，该成员函数用来向控制台显示异常的类型。定义一个函数 func()抛出该异常类对象。在主函数 try 模块中调用 func()，在 catch 模块中捕获到该异常类对象并调用该对象的成员函数，观察程序执行流程。

5. 定义一个日期存储 Date 类，用来存储和显示年、月、日数据。实现如下异常处理功能：

当传递给类的月份数据无效时(小于 1 或大于 12)，抛出一个 string 类型的异常 "Invalid Month Data"。

当传递给类的日数据无效时(小于 1 或大于 31)，抛出一个 string 类型的异常 "Invalid Day Data"。

编写主函数，try 模块中给 Date 类对象赋值，并触发异常；在 catch 模块中捕获到异常并将 string 类型异常信息输出到控制台，观察程序执行流程。

参 考 文 献

[1]　郑莉，董渊，何江舟. C++语言程序设计[M]. 北京：清华大学出版社，2015.

[2]　皮德常. 面向对象 C++程序设计[M]. 北京：清华大学出版社，2017.

[3]　黄文钧，谢宁新，刘美玲，等. C/C++程序设计[M]. 北京：电子工业出版社，2016.

[4]　王静. C++面向对象程序设计[M]. 武汉：华中科技大学出版社，2017.

[5]　Lippman S B. C++ Primer(中文版)[M]. 5 版. 北京：电子工业出版社，2013.

[6]　Liang Y D. Introduction to Programming with C++[M]. 3rd ed. 北京：机械工业出版社，2015.

[7]　陈天华. 面向对象程序设计与 Visual C++6.0 教程[M]. 北京：清华大学出版社，2007.

[8]　王晓东. C++程序设计简明教程[M]. 2 版. 北京：中国水利水电出版社，2017.